可复制的财富力
五个财富锦囊

佘荣荣 ■ 主编

REPLICABLE WEALTH POWER
FIVE WEALTH TIPS

·北京·

图书在版编目（CIP）数据

可复制的财富力 / 佘荣荣主编. -- 北京：中国经济出版社, 2024. 11. -- ISBN 978-7-5136-7943-5（2025.3 重印）

Ⅰ. TS976.15-49

中国国家版本馆 CIP 数据核字第 2024KN3725 号

策划编辑	崔姜薇
责任编辑	黄傲寒
特约编辑	田　卓
责任印制	李　伟
封面设计	任燕飞装帧设计工作室　顺道教育品牌中心

出版发行	中国经济出版社
印 刷 者	北京富泰印刷有限责任公司
经 销 者	各地新华书店
开　　本	880mm×1230mm　1/32
印　　张	10.125
字　　数	218 千字
版　　次	2024 年 11 月第 1 版
印　　次	2025 年 3 月第 2 次
定　　价	68.00 元
广告经营许可证	京西工商广字第 8179 号

中国经济出版社 网址 http://epc.sinopec.com/epc/　社址 北京市东城区安定门外大街 58 号　邮编 100011
本版图书如存在印装质量问题，请与本社销售中心联系调换（联系电话：010-57512564）

版权所有　盗版必究（举报电话：010-57512600）
国家版权局反盗版举报中心（举报电话：12390）　　服务热线：010-57512564

序 言 PREFACE

当第一缕晨光穿过窗帘的缝隙,温柔地唤醒沉睡中的城市,我知道,新的一天又开始了。它带来了新的希望、新的机遇,也带来了新的挑战。

此刻,我手边的这本《可复制的财富力》,汇聚了28位顺道教育私塾学员的心血与智慧,它不仅是一本书,更是一次心灵的汇聚、一次智慧的碰撞、一次对"财富力"这一命题深刻而全面的探索。我心中充满了激动与期待,因为我即将与你们分享一段不平凡的旅程——一段由28位追梦人共同筑就的财富之路。

回望过去,他们中的许多人都曾在职业生涯的迷雾中徘徊,在个人成长的道路上挣扎。然而,正是对知识的渴望、对自我超越的坚定信念,让他们在茫茫人海中找到了方向。他们选择了顺道教育,选择了我作为他们的导师,选择了与自己的内心对话,选择了对财富力的探索之旅。

我见证了他们的每一次成长与蜕变。从最初的青涩与迷茫,到如今的从容与自信,他们的每一步都走得那么坚定、那么有力量。他们不仅深入探索商业的奥秘,也学会了在喧嚣的世界中找到内心的宁静。

《可复制的财富力》一书，不仅是对"财富力"这一命题的深刻探讨，更汇聚了28位追梦人的故事与感悟。他们有的是行业领军者，有的是企业高管，也有教师、律师、作家、画家、财务建筑师等专业人士，还有普通上班族、全职宝妈，他们来自不同的领域，有着不同的背景，但有着共同的目标——追求成长、财富与成功。

在知识付费蓬勃发展的时代，他们不再满足于仅仅吸收知识，而是勇敢地成为知识的创造者和传播者。他们用自己的专业知识与实战经验，书写了一个又一个知识变现的精彩案例。他们不仅实现了个人品牌的塑造与价值的变现，更为各行各业的良性发展贡献了自己的力量。他们用自己的经历和故事告诉我们，真正的财富力源于内心的强大与人生的丰盈。

在《可复制的财富力》中，每位作者都以自己独特的方式，慷慨地分享了他们追求梦想的心路历程与实战经验。这些故事不仅是他们个人财富积累的故事，更是他们自我认知、情绪管理、人际关系，以及持续学习等全方位探索的记录。

这些宝贵的案例如一盏盏灯，可以照亮人们在成长道路上可能遇到的黑暗与迷茫，为那些渴望在个人品牌领域有所作为的人提供指导与帮助，也让更多的人深刻感受知识的力量与能量，从而激发他们的潜能与梦想，引领他们走向更加美好的未来。

《可复制的财富力》不仅是对个人成长与商业成功的一次全面总结，更是对各行各业良性发展的一次呼唤。在这个信息爆炸、竞争激烈的时代，如何保持初心、坚守正道，如何在追求物质财

序 言

富的同时,不忘精神家园的建设,成为我们每个人必须面对的问题。本书通过一系列生动鲜活的案例告诉我们,在复杂多变的市场环境中,坚持自己的价值观,以创新的思维、扎实的功底、真诚的态度去赢得市场的认可与尊重,是至关重要的。

当我们翻开《可复制的财富力》的每一页,都能感受到扑面而来的热情与力量。本书不仅是对财富力的一种解读,更是对人生的一次深度探索。它启示我们,财富并非仅仅是金钱的积累,更是内心的丰盈、智慧的提升,以及人生观的跃升。

在探讨财富力的过程中,我们必须提到一个关键词——心态。这个看似简单却深邃的词,决定了我们如何对待财富、成功和生活。在《可复制的财富力》中,我们不难发现,28位学员有着共同的特点——积极、乐观、坚韧不拔。他们面对困难和挑战时,从未选择退缩,而是选择迎难而上,化压力为动力,化挑战为机遇。这种积极的心态让他们在不断的学习和实践中,逐渐积累了宝贵的经验和智慧,最终走向成功。

本书强调了持续学习的重要性。在这个日新月异的时代,知识更新速度之快,让人目不暇接。只有保有持续学习的态度,才能紧跟时代的脚步,抓住每一个机遇。无论是商业知识,还是心理学、个人成长等方面的知识,都需要我们不断地去探索和学习。只有这样,我们才能不断拓宽自己的视野,提高自己的综合素质,为实现财富目标打下坚实的基础。

本书中有很多创新实践案例,创造这些案例的学员不仅有着丰富的理论知识,更有着敢于尝试、敢于创新的勇气。他们将自己的知识和经验应用到实践中,不断尝试新的方法和思路,最终取得了令人瞩目的成果。这种勇于实践的精神值得我们每一个人去学习和借鉴。

我们深知，财富的积累并非一蹴而就，它需要时间的沉淀、智慧的累积，以及不懈的努力。《可复制的财富力》鼓励读者不仅要关注外在的物质世界，更要注重内心的成长与富足；它告诉我们如何在复杂多变的市场环境中保持清醒与敏锐，如何在逆境中寻找机遇与挑战自我；它更让我们明白，真正的成功不仅在于财富的多少，更在于我们如何运用这些财富去创造更多的价值，去影响与帮助更多的人。

《可复制的财富力》不仅是一本创富之书，更是一本关于人生智慧与心灵成长的宝典。希望每位读者都能从中汲取力量与灵感，勇敢地追求自己的梦想与目标；也期待每位读者都能在追求财富与成功的过程中，不忘初心、坚守正道，成为更好的自己。

2024年对于我和我的学生们来说，是充满挑战与收获的一年。《和财富做朋友》的成功为我们奠定了坚实的基础，《可复制的财富力》的问世，则将我们的梦想推向了新的高度。这两本书不仅记录了我们成长的足迹，更见证了我们内心信念与追求的升华。它们不仅是对财富积累的探讨，更是对个人成长、心灵觉醒与智慧传播的深入剖析。

从《和财富做朋友》到《可复制的财富力》，我们经历了一场关于成长的接力赛。这一路上有欢笑，也有泪水，有成功，也有挫折。但正是这些宝贵的经历，让我们更加坚定了前行的方向。

我们希望通过本书，将这些优秀学员的成长经历与心路历程，以及他们在知识付费领域的成功经验与独到见解，无私地分享给

序　言

每一个渴望在个人品牌领域有所作为的人。

在此，我要特别感谢这28位优秀的学员，是你们的努力与付出，让《可复制的财富力》得以问世。同时，也要感谢所有在顺道教育平台上相遇相知的朋友们，感谢你们的支持与陪伴，我们共同走过了难忘的旅程。

《可复制的财富力》不仅是一本书，更是一种信念、一种力量、一种希望。它告诉我们，只要我们有梦想、有勇气、有行动力，就能够创造出属于自己的财富和成功。

让我们以《可复制的财富力》为新的起点，继续前行在成长的道路上。无论未来的道路如何曲折，只要我们心怀梦想、勇于探索、坚持不懈，就一定能够书写出属于自己的人生篇章。愿我们都能成为那个更好的自己，共同迎接一个更加美好繁荣的未来！

佘荣荣

顺道教育创始人

《可复制的财富力》主编

2024年11月1日

本书作者
（排名不分先后）

闫 莉	曼 莉	周剑喜	李金玲	尹苗淼
冯 希	徐晓燕	申桂秀	刘鸣月	吴宁艳
李桂红	张 力	蒋燕香	单 涓	王若冰
杨小娜	颜端仪	刘美超	赵玮玮	陈西霞
张晓星	陈 楠	费碧霞	沈秀丽	胡少敏
尹会容	王艳湘	苏 艺		

目 录 CONTENTS

Part 1
第一部分
行业财富力

服务篇：服务是财富的钥匙，是心与心温暖拥抱的桥梁　　/ 003

心理学篇：生命的价值，在于心的成长　　/ 013

性教育篇：让爱的教育和生命教育遍地开花　　/ 025

心理咨询篇：让生活重新开出花　　/ 032

家庭教育篇：珍惜和成就生命中重要的人　　/ 048

天赋篇：发掘每个人独特的无价宝藏　　/ 059

Part 2
第二部分
专业财富力

个人 IP 篇：从 0 到 1 创建个人 IP	/ 073
财富思维篇：从问题思维到资源思维的转变	/ 085
精力管理篇：不仅是工作技巧，更是生活艺术	/ 093
行动篇：行之愈笃，则知之益明	/ 103
身体篇：打开爱与创造力的开关	/ 113
爆款篇：引发好奇+价值塑造+解决方法	/ 130
文案篇：文案变现硬核秘籍	/ 144
勇者篇："心想事成"的能力	/ 155
内在力量篇：勇敢前行，拥抱幸福	/ 162
人际关系篇：尊重边界才是爱的体现	/ 170

Part 3
第三部分
人生财富力

转型篇：看见工作的另一种可能性　　　　　　　　　　　/ 183
成长篇：成长是生命最重要的意义　　　　　　　　　　/ 194
择业篇：选择是一种心态、一门学问、一套智慧　　　　/ 210
家庭关系篇：生命的成长和蜕变　　　　　　　　　　　/ 221
哲思篇：因果关系源于我们对世界的观察和理解　　　　/ 232
贵人篇：贵人如光，照亮我的人生　　　　　　　　　　/ 242
悦己篇：活出爱满自溢的日子　　　　　　　　　　　　/ 252
梦想篇：每个人都可以拥有不可思议的成就　　　　　　/ 265
感恩篇：感恩的心离梦想最近　　　　　　　　　　　　/ 272
追梦篇：我的"梦想实现指南"　　　　　　　　　　　　/ 281
情感篇：接受爱，成为爱，传播爱　　　　　　　　　　/ 290
坚毅篇：刻意练习＋努力＝实现目标　　　　　　　　　/ 301

后　记　编后心语：从心出发，共创未来　　　　　　　/ 309

Part 1

第一部分 行业财富力

服务篇：

服务是财富的钥匙，是心与心温暖拥抱的桥梁

闫莉：实体经济的心理学赋能者

> 当我们用心灵去触摸他人的心灵，用真诚去温暖这个世界，我们的财富之路自然会越走越宽。

软装界璀璨明星、行业领军品牌"石头，剪子，布"创始人。以"石头，剪子，布"为舟，领航实体经济新航向。数十年深耕，她以敏锐的市场嗅觉，铸就品牌辉煌，屡获殊荣，傲立行业潮头。作为布艺软装界的革新先锋，她巧妙融合心理学智慧于商业策略，为实体经济注入蓬勃生命力。其品牌频获全国星级布艺零售桂冠，京东销量稳居前三，彰显非凡实力。

她不仅是商业版图的探路者，更是员工心灵的灯塔。她以心理学为翼，赋能团队成长，携手"石头，剪子，布"共创无限可能，让每一次触达都充满温情与力量，引领行业迈向更加辉煌的未来。

服务，这个简单却深刻的词，如同一把金钥匙，在我30年的实体店经营历程和心理学创富征途上，开启了一扇又一扇通往成功的大门。

随着岁月的沉淀与生命的成长，我的服务理念亦步步高升，每一阶段都迎来新的领悟与实践。

尤其是近年来，当我深入学习心理学并将其融入实体经营之后，我对服务的理解达到了新的高度。在这个过程中，我深刻体会到，拥有一颗服务之心、保持正确的服务态度，以及不断优化服务实践，是提升个人财富力的关键。

◆ "服务"的初心：一颗爱的种子

我曾经有幸邂逅了一位生命中的导师，她和我分享了一段对我影响深远的亲身经历。作为在心理学领域深耕超过20年的心理学导师，她在专业领域成就斐然，但她的事业之路布满了挑战与坎坷，她也曾深感悲伤和失落，抱怨命运的不公。在一次海外学习中，她目睹了许多人的成就，心中涌起无尽的忧伤。于是，她来到一个公园，在大树下进行冥想，试图寻找答案。在那里，她终于领悟到了"服务"二字的真谛——那是一种超越自我、无私奉献的精神境界。那一刻，她放声大哭，心中却充满了前所未有的释然与明悟。自那以后，她彻底摒弃了急功近利的心态，以一颗更加谦逊和包容的心，重新投入她所热爱的事业。她始终将"服务"放在首位，用她深厚的心理学知识和满腔的热情，照亮了一个又一个家庭前行的道路。很快，她便在国内家庭教育领域声名鹊起，成了一位备受尊敬的专家。

正是这位满怀爱意的导师，让我看到了服务的力量，激发了我内心的转变。

感恩她在我心底，播种了一颗服务的"爱"的种子！

◆ 服务中倾听的艺术：诗意败于现实的觉醒

作为国内知名布艺企业的创始人，我对布艺事业无限热爱，多次参与了行业顶尖的专业设计培训，荣幸地获得国内多个布艺创新大奖。我热忱地希望将对美的追求融入布艺的每一寸肌理之中。

为了实现这一愿景，我倾注了大量心血，细致入微地剖析每一款布料的特性（Features）、优势（Advantages）及益处（Benefits），力求让每一根丝线的交织、每一次色彩的呈现，都承载着美好和诗意。我不仅自己沉浸于这份美的探索中，更引领着我的团队，一同领略布艺世界的魅力，学习如何用最动人的语言描绘那些隐藏于布帛之间的故事。

然而，一次与顾客的互动，让我对服务有了更深一层的领悟。当我满怀激情地向一位踏入店铺的顾客介绍产品的独特花纹、流行款式以及背后的灵感与故事，却未曾料到，迎接我的是一片尴尬的静默，讲解戛然而止，我心中充满了疑惑与不安。

"是我的介绍哪里出了问题吗？"我小心翼翼地询问。

她的回答，简短而直接："你的介绍很精彩，但我需要的只是一个简单、实用、易于打理的产品。"

这句话，如同当头棒喝，让我瞬间从自我陶醉中清醒。我意识到，真正的销售服务，并非仅仅在于展示产品的光鲜亮丽或个人的才华横溢，更在于倾听——倾听顾客内心最真实的声音，理解并满足他们的需求。

这是一次深刻的启示，从那以后，我开始更加用心地服务每一位顾客。通过观察他们的穿着打扮来捕捉风格偏好；通过聆听他们言语中的语气变化来感知情绪波动，从而抓住他们真正的需要和期待；通过身体感受空间中的氛围变化，来察觉他们对环境舒适度的需求；通过心灵的直觉去感知他们的肢体语言，找到他们的顾虑和疑问，洞察他们内心的真实想法。

唯有内心的柔软和敏感，才能让我们成为真正优秀的沟通者。深切倾听顾客的心声，才能满足他们内心真正的需求。

顾客买的不是产品本身，在每一次购买行为的背后，都隐藏着他的真实需要，要想找到，需要从倾听开始！

◈ 危机变机遇：一句"都是我的错"开启无限可能

在尘埃中悄然播下的种子，终将在云端绽放出服务之花，其绚丽不仅映射出专业，更闪耀着服务的真诚与智慧。"都是我的错"，这简短的一句话，不是"屈服"的宣告，而是对解决问题的智慧展现。

在一次紧急的顾客危机中，我深刻体会到了这句话的力量。接到店长焦急的电话求助，我立刻驱车前往，面对愤怒的顾客，我毫不犹豫地说出了"非常抱歉，都是我的错"。这句话让原本紧张的气氛瞬间缓和。我静心倾听她说的每一个字，以理解和认同作为桥梁，连接起双方的信任。最终，即便提出的解决方案与店长一样，却因我的真诚态度而获得了顾客的接纳与尊重。

这次经历，不仅圆满解决了问题，我和顾客还从此结下了深厚的友谊。事后笑谈此事，她坦言，正是那句"都是我的错"的真诚态度，让她看到了我对责任的担当，相信我所提供的就是最佳方案，让她接受了。她对我充满了敬意，认为我有解决问题的能力和魄力，我们成了朋友，并成了生意上的合作伙伴。

在问题面前，与其急于辩解，不如第一时间以一句"都是我的错"抚平对方的情绪。这份勇气与真诚，往往能迅速拉近心与心的距离，赢得宝贵的理解与尊重。它不仅是危机公关的艺术，还是个人魅力与智慧的展现，更是建立长期信任与合作的起点，为我开启了通往更广阔世界的大门。

《和财富做朋友》一书中讲道："凡事发生必有原因，要么助我，要么渡我。"在我看来，每一次与顾客的互动，都应该被珍视！每一次的挑战都是成长的阶梯，用积极的态度去拥抱每一次相遇，感谢它们赋予我学习、进步与超越的机会。在服务中，我愿以更加真诚与智慧的心态，继续播种希望，让每一朵服务之花都能在云端绚丽绽放。

◆ 缩量时代，服务的转换与力量

在当今市场缩量的大背景下，旧有的成功模式在愈发激烈的竞争中显得力不从心，那些曾坚守传统、行事稳健的实体经营者正面临前所未有的挑战与洗礼。想在市场竞争中持续领航，曾经屡创佳绩的企业家们，必须勇于自我革新，挣脱舒适区的束缚，以开放的心态拥抱新知，拓宽视野的边界。同时，更须以学习者的姿态深入服务团队之中，与团队成员并肩作战，共同成长，共赴未来。

我的挚友丽娟（化名），作为连锁美容院领域的营业者，其品牌在过去十年间稳坐区域龙头之位。面对市场格局的变革，她毅然决然地踏上了改变之路，从昔日的"高冷"女强人转变为一位温暖人心、谦逊低调的领导者。她勤耕不辍，勇于探索未知，这一转变不仅令人瞩目，更成为激励人心的典范。她与我分享着服务团队的心路历程，强调唯有躬身入局，为团队提供无微不至的支持，解决每位员工的后顾之忧，让工作成为改善生活的动力源泉，企业才能根深叶茂，财富之路方能越走越宽广。

她与我分享的心路历程，深刻触动了我，让我领悟到：真正的服务，不应仅停留于口头的承诺，而应"内化于心，外化于行"。对于企业家而言，服务不仅面向外部客户，更须深入团队内部，关注每一位成员的成长与发展，让服务成为推动企业前行的强大动力。她性格与行事风格的转换，正是"内化于心"服务的最佳诠释，这次的改变，不仅促进了个人成长的飞跃，如今更使丽娟的美容院生意兴隆，顾客络绎不绝，这正是服务力量生动而具体的展现。在这个"体验为王"的时代，每一位企业掌舵人都应将"服务"视为企业发展的核心，不仅要精准把握顾客的需求与期待，更要放下身段，真诚服务于团队，以此构建企业乃至个人财富未来的坚固基石。让服务之光照亮前行的道路，让梦想照进现实，共同迎接一个充满无限可能的美好未来。

◆ 深化 VIP 尊享体验：于细微处绽放尊贵之光

真正的尊享体验源自对每一个细节的极致雕琢。从一杯精心调配的奶茶，到承载着个性化情感的名片，每一处细节我们都力求挖掘其独特需求并精准满足。

在一次产品推荐活动中，鉴于 VIP 客户对品质而非排场的偏好，我们于细节之处匠心独运：统一的标识服装彰显专业，个性化姓名铭牌传递温馨；会场布置清新雅致，鲜花簇拥，精油轻扬，每一角落都弥漫着高品质生活的气息。从接站的那一刻起，专业团队以满溢的仪式感迎接客户的到来，让每一次触达都成为难忘的记忆。

了解了 VIP 客户的饮食偏好，我特选她钟爱的川菜佳肴，特选最大朵、最绚丽的黄百合，搭配她挚爱的茶品与茶具，每一细节都透露着对她的专属关怀。邀请客户至家中住宿时，我特别告知，这是一个美好的时节，家里满院子的鲜花正盛开，喜爱鲜花的客户欣然同意前往，而在她到来的前一天我亲手插制的花束与精心布置的房间，更为她编织了一个放松心情的避风港。

为了给客户带来极致的放松体验，我们特别安排了专属 SPA 服务。从定制化的房间布置到精选的护肤用品，从新鲜水果到精美礼品的惊喜呈现，客户在此不仅享受到了身心的放松与愉悦，更感受到了我们服务的真诚与用心。客户对此赞不绝口，直言："真的好有价值感、配得感。"

此次深度互动不仅赢得了 VIP 客户的高度赞誉与感激，更为我们赢得了宝贵的口碑与信赖。客户在归途中迫不及待地在朋友圈分享这份美好体验，让更多人见证了我们用心服务的成果。

我们相信，只有以真诚之心对待每一位客户、以专业态度满足客户需求、以创新之力打造超越期待的服务体验，我们才能在激烈的市场竞争中脱颖而出、赢得客户的信赖与支持。

◆ 感动服务：用真挚服务俘获客户心

在这个快节奏的世界里，我们每个人都在寻找那份能触动心灵的温暖。

做生意也是这样，只有当我们把心放在产品和服务里，才能让客户感受到我们的真诚。

想象一下，如果我们能和每位客户都建立起像朋友一样的关系，那会是怎样一番场景？我们会倾听他们的故事，了解他们的需求，然后提供量身定制的服务，让他们感到特别被珍视。我们追求的，不仅仅是满足客户对产品的基本需求，更是触及他们的心灵，找到他们真正的梦想和渴望。

在这个过程中，我们要做的不只是销售产品，还要传递一种生活态度和价值观。我们卖的不仅是商品，更是一种生活的美好和情感的共鸣。当客户感受到我们的专业和价值观的共鸣时，他们与我们的合作就建立在了更深层次的信任和认同的基础上。

推介产品时，我们要像讲故事一样，描绘出产品带来的美好未来，让客户的梦想重新燃起。我们要聚焦于产品能带来的实际变化，让客户看到购买后的生活将如何变得更加精彩。这样的销售过程是一场心与心的对话,它要求我们拥有一颗真诚服务的心。

对于大客户而言,他们期待的是更深层次的价值和美好的愿景。因此,我们需要用心去感受他们的需求,将情感融入服务,与客户建立深刻的情感联系。我们要用心倾听客户的心跳,捕捉他们心动的那一刻。

我们销售的不仅是产品,更是我们的个人魅力和高品质的服务。这样的服务不仅能为客户节省时间和精力,还能帮助他们实现梦想。这种销售方式是令人无法拒绝的,因为它已经超越了单纯的产品销售,达到了艺术的境界。

要实现这一切,关键在于一颗真诚的心。有了真诚,我们才能真正关心客户、体贴客户,让彼此的交往变得愉悦舒心。这需要我们从掌握客户的基本信息做起——了解他们的年龄、居住地、爱好、健康状况,甚至他们的烦恼。如果我们能帮助客户解决困扰他们的问题,就真正做到了利他,达到了服务的极致,自然而然地促成了合作。

比如,如果客户正为孩子的高考忧心忡忡,我们可以帮他寻找最专业的辅导老师;如果客户焦虑于父母的健康问题,我们可以协助他联系最权威的医生,确保其父母得到最佳的治疗;如果客户急于出售房产,我们可以积极联络中介,帮助他尽快完成交易。每个人都有自己面临的难题或痛点,只要我们用心去发现并协助其找到解决方案,就一定能帮助客户。当我们为客户解决了实际问题后,牢固的关系自然水到渠成。

要勇于与客户建立深度链接,过程中投入真挚的感情,用心服务，才能得到客户的信任。要实施个性化的服务来提高客户的满意度，滋养客户的情感体验。

◆ 服务，是财富的钥匙，是心与心温暖的拥抱

这就是在过去 30 年的服务探索中，我的几点感悟。在新的经济变革下，我更加深刻领悟服务对于成事的重要性，它是一道光，穿透人心的迷雾；它是一座桥梁，连接着彼此的灵魂；它也是一把钥匙，轻轻地转动，就能开启无限的可能。

从青涩初识到成熟蜕变，对服务品质的不懈追求始终是我人生旅途中的灯塔与驱动力。尤其是近年来对于心理学创富系统的学习，让我的服务架构得到提升。我学会了倾听的艺术，那是一种超越言语界限的深刻共鸣，是心与心之间细腻而真挚的对话；我亦掌握了关怀的精髓，它超越了表面的寒暄，直抵人心最柔软之处，激发共鸣，传递温暖。每一个诚挚的微笑、每一句贴心的问候、每一次及时的援手，都是我以心传情、用爱编织的服务之歌。

服务，是一门将爱融入日常的艺术，它赋予了我们赢得客户信赖的力量，也能够让我们在生命的旅途中收获满满的幸福和智慧。当我们用心灵去触摸他人的心灵，用真诚去温暖这个世界，我们的财富之路自然会越走越宽。

在未来的岁月里，我将带着对服务的无限热爱和坚持，继续前行。从种下那颗小小的服务种子开始，它已经在我心中生根发芽，开出绚丽的花朵，结出累累的硕果。

心理学篇：

生命的价值，在于心的成长

曼莉：畅销书作家，心理学导师

> 找到使命，活出热爱，最终你才会遇见真正的自己！

作为慢有引力品牌的缔造者，深耕心理学领域，启迪女性心灵成长与财富创造。20年职场经历，从品牌营销到上市公司高管，再到MBA的学术积淀，曼莉的履历横跨传媒、通信、互联网及传统行业，铸就了她独特的视角。她热爱阅读，对商业、人文、个人成长皆有深厚理解。2023年，她勇敢转身，成为女性成长导师，帮助更多人活出真我、绽放生命。她深耕心理学领域，将心灵智慧与财富创造紧密结合。

2024年，她更是独具匠心地开创了"心灵旅修"，结合心理学与旅行，引领参与者踏上一段心灵成长的奇妙旅程。

一个人要走多少路，才会遇见真正的自己？

我是曼莉，是一名人生体验者，也是一名未来造梦师。

2023年春天，我裸辞了，彻底离开职场，成为一名自由职业者。

在大家都感叹工作难找的时候，我放弃不错的工作，放弃公司给我的原始股份，放弃高管的身份，毅然转身跨界，成为一名心理咨询师，从0起步开始做个人品牌；我用一年的时间，让自己的知识变现收入超过此前的年薪，全网粉丝超过10万人。

作为职场女高管，我为什么选择突然转身，成为一名心理咨询师？我的故事将告诉你——找到使命，活出热爱，最终你才会遇见真正的自己！

◆ 个人品牌之路

人生最重要的转折，就那么几步。一个人要走多少路，才能找到真正的自我？这个问题，我探索了许多年。

20多年的职场生涯和身心成长，我经常在想：我是谁？我将去向哪里？我是为了什么而来到这个世界？

终于在2022年的一天，我付费做了一次我的天赋优势解读咨询——原来只要我做自己真心喜欢的事，内外合一、表里如一，我就能很好地赋能其他人，成为别人的"点灯人"。

我终于知道为什么我总觉得我的力量没有用完。终于，2023年春天，我确定了那个答案：余生，我要帮助100万人的心灵成长，帮助他们拥有美好的人生。终于，我亲手按下那个确认键：

坚定转身，重新出发！

有一句话是这样说的：当学生准备好了，老师自然就会出现。而这个准备，我几乎用了20年。

我一直很喜欢阅读、写作。大学毕业20多年以来，我最感兴趣的阅读主题还是人文、哲学、心理学。现在，当我准备好了、心有所愿的时候，当我希望创造价值、支持他人心灵成长的时候，神奇的吸引力法则让我遇到了好老师。

为什么厉害的人都有老师？因为困住你的，并不是很多具体的事情，而是你意识和潜意识里的框架。打破框架并不需要苦口婆心，通常只需要一句话。而愿意告诉你这句话的人，不是你的贵人，就是你的老师。

在佘荣荣导师的指导下，在一米宽、百米深的心理学创富板块，我实现了一路火箭式升级。短短1年时间，我运用所学的心理学技术，先后完成了200多个咨询个案，逐步形成了自己的身心成长知识付费体系，个人品牌变现收入超过我之前的年薪。

现在我几乎每天都能收到我的来访者报喜、反馈。她们有的不仅本人状态变好了，亲子关系、婆媳关系、亲密关系也改善了；她们有的财富状况改善；有的孩子考上了心仪的重点高中；还有的工作中受到了领导重用；等等，不一而足。

还有什么比去唤醒、点亮一个生命更美好、更幸福的事呢？

当越来越多人，因为我的唤醒和托举，人生变得更好之后，我真切地感受到：作为一名心理咨询师，能够支持他人成长，是如此地荣幸，而我此刻，是如此幸福！

就像《和财富做朋友》中所说：前半生比你识别贵人的能力，

后半生比你成为别人贵人的能力。终于，我找到了自己的天赋热爱，成了一名世界的点灯人。余生，我将继续做好这份生命的事业，去帮助 100 万人的心灵成长，去唤醒，去疗愈，去赋能，去创造，去无畏支持！

谢谢每一位出现在我生命中的你，也希望，我出现在你的生命中，是一份礼物。靠近我，点亮你，唤醒你沉睡的天赋潜能，支持你体验不一样的人生，我愿陪你一起向善、向内、向远方——遇见真正的自己。

◈ 个人 IP 创建成功心得

1. 什么样的人，最有吸引力？

见的人多了，我得承认：

那些内核稳定的人、自如绽放的人，最吸引我。

那些心灵富足的人、精神明亮的人，最吸引我。

有的人，美则美矣，可是总令人觉得少了一点灵魂。

有的人，亮则亮矣，可是总给人一些底盘不稳的感觉。

每个人都有一颗心，但不是每个人都拥有广阔的心灵空间。

心灵丰富的人，就像无尽的宝藏。他们的心灵空间往往都很大，他们能够接纳更多的不同：既允许自己做自己，也允许别人做别人；他们的心灵花园往往充满生机，他们能在平淡的花香中闻到整个春天的美好，在简单的鸟语中浮想四季的交响；他们往往是简单的人、纯粹的人，对于这个世界，他们更愿意相信，更愿意敞开心扉，更愿意做那个先伸出手寻求合作的人。

他有内生的锚，有稳定的内核，坚定地走在成为自己、活出自己天赋使命的道路上，勇往直前，成为流动的爱，成为行走的光。

2. 如果你愿意相信，你生命的每一刻，都可以是金色的

经常听到有人说：遇见更好的自己。

这句话潜台词是说我现在不好吗？不！

如果你敢坚定地相信，发生的一切，都是最好的安排；

如果你愿意相信，你生命的每一刻，都可以是金色的；

每一个当下的选择，就是我们所有选择里最好的；

那么，每一个当下的我，就是当下最好的自己！

都是最好的，何来更好的？

成为自己，是我们一生的功课。

然而，成为自己，并非一件简单的事。毫不夸张地说，在任何时候，探索自己、直面自己是一个很需要勇气的课题。因为在这个过程中，我们可能要面对不堪、面对恐惧、面对人性、面对深渊，也被深渊凝视，接纳不完美、感受疼痛、打碎自己、否定自己……当然，它所带来的幸福感也是巨大的。

这是一个人走上扬升之路必经的心灵之旅。重要的是，把这样的觉察带到每一个当下。在当下的每一刻，你我都是有选择的。有人对你说了一句话，你生气了。什么是事实？什么是情绪？

事实是，有人对你说了一句话。事实不可以改变。但你可以改变对事实的解读——他也许有误解。他也许被上司骂了，心情不好。他并不是对我这个人有意见……

你才是主角。控制情绪是属于你自己的力量，而不取决于对面是谁，也不取决于他或她带给你什么。

外界所有的呈现只是一个事实，而你对事实的理解与解释，是你与事实之间存在的弹性空间。在这个弹性空间里，存在着无限的可能性——你可以选择正向的理解，也可以选择负向的解释。

生活就是道场，每天都是修行。学会在每一个当下去转念、去主动选择你的生活，生命的每一刻都可以是金色的！

3. "自我"是怎么形成的

什么是自我？

山本耀司说过——"自己"这个东西，是看不见的，撞上一些别的什么，反弹回来，才会了解"自己"。所以，跟很强的东西、可怕的东西、水准很高的东西相碰撞，然后才知道"自己"是什么——这才是自我。

一个人的自我是在关系的碰撞中形成的。厉害的人物，是和厉害的人、事和物，深度碰撞而后淬炼而成的。深度碰撞自然有各种痛苦，甚至是深度的痛苦。不仅要和外在的厉害客体去碰撞，也要敢于深入黑暗的潜意识，这样才能看到更多瑰丽的风景，淬炼出更强的自我。

一个人的自我，很难通过独自冥想显现出来，很难通过深山打坐体验得到。芸芸众生的"成为"之路，都得在"关系"中完成。

关系，就是碰撞。

谁没有"碰撞"过、"破碎"过呢？

有人说，没有在深夜痛哭过的人，不足以谈人生。人生总有起伏。遇到命运的至暗时刻，你四下观望，无人能救，无人回应，这时候全靠你自己，靠信念、意志，靠以命相抵的决心才行。

这样的时刻，是你的功课，也是你的关键机会。

你必须跟自己对话，深入自己的内心，去凝视你内心的深渊，与你的潜意识交战。

这样的深度体验，风险与痛苦交织，回报与恩典共存。只有你自己知道，当你走出来后，已然完成了一次蜕变，宛若新生。

所有未觉醒的生命，都是蒙尘的生命。裹挟着层层泥浆与沙砾、杂草与苔藓，我们在风雨中翻滚跳跃，被生命的河床冲刷碰撞——最后，才现出那个圆滚、透明、滚烫的内核，静静地立在沙滩上，安享一轮明月。

你终于明白了，原来，我们与世界、与他人是双向奔赴的。我们见天地、见众生，最终都是为了见自己——明自己的心、见自己的性，认出那个"自己"。

4. 怎样才能"见自己"

心学大师王阳明说：本自具足。人人都有自性之光，人人都可以活得轻松、喜悦、富足、自在。

每个人都是自己最好的贵人。

因此，觉醒之路，是超越之路，是深渊之旅。这是一趟富有挑战性，也充满人性光辉的修行旅程，它是一个人走向终极问题的必经之路——

见天地，见众生，见自己。

见天地。天地是世面，是眼界。先观世界，然后形成"世界观"。人，生来与天地万物同宗同源，所以第一步是去认识自己的来源。

见众生。认识了天地之后，有了一定眼界；接着，一种建立在眼界基础上的"懂得"产生了。此时见到了人间百态，因为懂得了，所以慈悲。对于众生之苦、自己之苦，有了更好的理解。这个阶段，生命与生命之间建立起共鸣和联接。

在一粒沙里，看见整个世界；在一朵花里，看见普罗众生。

见自己。到了一定的时候，会真正地遇见自己，明澈清晰，与天地、众生融为一体。此时，又回到了生命出发的地方：当我们还是婴儿，我们与万物一体。所见的全部就是世界的全部，我就是世界，世界就是我。

见天地，见众生，都是为了见自己而做的准备。

5. 做个人 IP，做长期主义者

事实上，即便你遇到那个把你唤醒的人，你是否愿意醒，也是个问题。有很多人觉得睡觉更舒服。有些人找老师并非为了觉醒，而是为了睡得更舒服。

即便你遇到了优秀的老师，他也不可能魔法棒一挥就让你觉醒了。

在这个喧嚣的世界中，我们常常为工作、生活的琐事疲于奔

命，往往忘记了内心深处那份生命的探索与思考，常常为了鸡毛蒜皮的生活表象，而忘了生活的本质。而当我们遇到那个能够唤醒我们内心的人时，往往又开始纠结：是安于现状继续入眠，还是勇敢地迎接痛苦的觉醒之路？

这是一条真正属于长期主义者的成长路线。

追求心灵觉醒是一条精神成长的道路，是一条不断向上扬升、脱离无明的路。

觉醒不仅仅是从梦中醒来，更是指我们意识到生命的价值和意义，是我们心灵的成长与丰富。当我们觉醒时，我们更加关注自己的内心世界，并寻求超越物质欲望的精神满足。因为外在世界的一切，无不是内心的投射和显现。

在这条道路上，你需要修行到拥有足够的幸运和福气，才有机会吸引那个能唤醒你的贵人。这种修行包括修炼内在的开放心态、谦卑的姿态，以及对心灵成长的渴望。

贵人本身就不见得好找，你修行到了一定的频率，才会遇到那个相应振频的人。

然而，即便遇到了这个能唤醒你的贵人，你能不能认出来？你愿不愿意相信他？你愿不愿意做那些难而正确的事？受到打击或者挫折，你还能不能坚持？这些依然在考验你内在的选择。

心灵觉醒需要深刻的内省、自我反思和变革的决心，以及足够的认知。只有勇敢面对内心的恐惧和迷茫的人，才能踏上真正心灵觉醒的旅程，这需要决心和勇气。

有时候，你可能更愿意选择留在自己的舒适区，陷入梦境中，而不愿追求更高的觉醒状态。这种选择是人性复杂的一部分。每个人的内心都有各种欲望、恐惧和动机，有时候这些因素可能阻碍我们追求觉醒。

你可能担心觉醒会带来痛苦或不确定性——那几乎是一定的。或者你可能更愿意陷入表面、当下的享受和舒适之中。

但觉醒的道路可能更为有意义和深刻。它让我们有机会超越表面的欲望，找到内在的平静和深刻持久的满足。

也就是说，你是否追求真正的"长期主义"？

这种愿望，将会引导我们遇到那个能够唤醒我们内在潜能、揭示我们内在本质的人。也许是一位明星，也许是一位老师，也许是一位朋友，也许是你的伴侣，甚至是一本书……

这个旅程，不是爬缓坡，而是蜕变，是跃迁，需要一颗勇敢的心。

6. 整个世界都在拥抱那些能量更高的人

正如你所见，现在，越来越多的人开始走上心灵觉醒的道路，开始感受到回归自然的治愈性，开始了平生第一次冥想、第一次静心，第一次认真地思考：我是谁？

越来越多生命开始向内探索、向内生长、自我突破。这个过程并不轻松，甚至是"抽筋剥皮"。

比如，在你所看不惯的亲密关系里，有没有觉察到你自己的修为——原来，你自己就是"罪魁祸首"，因为你就是想去改变对方，就是想去抓取对方。

比如，在你不满意的亲子关系里，有没有觉察到你自己的修为——原来，你自己就是"始作俑者"，因为你就是想去控制孩子，你就是想去限制他的自由。

这种自我审视，当然比蒙头睡觉、掩耳盗铃来得痛苦，但是涅槃重生的你会变得更强。

整个世界都在拥抱那些能量更高的人：那些身上自带稳定与秩序感的人；那些拥有正心正念的人；那些活成了光的使者、爱的管道的人；那些活出了觉知、全然接纳的人；那些内心充满了安宁和慈悲、祝福与大爱的人；那些转过身来敞开心门拥抱世界的人……

人们逐渐真切地体会到，生命更加美好的面向，是来自信任自己的内在、尊重自己的感觉而不是头脑判断；是彼此链接而不是孤立封闭；是放手而不是对抗。

人们还逐渐真切地意识到：爱，拥有世间最高频的能量，它能够化解和治愈人们尘封的伤痛……

觉醒的人会勇敢地踏上内在旅程，她们以发自内心深处的、充满爱与慈悲的超个人力量触动他人，而这个过程，就自然启迪了他人。

毫不夸张地说，在即将到来的新时代，每一位精神明亮的人，正在成为世界的光和爱的管道；她们的爱与慈悲，是送给世界的一份绝佳礼物。

祝福你我，也在其中。

7. 每天，都是心灵成长进行时

你的生活，是你练就的。

陈丹青说：不要丧失爱的能力。最后起作用的还是爱。不要错过身边珍贵的人，去爱人、爱自然、爱生命、爱艺术。

练习爱，就会拥有爱的能力。

这就是心灵成长。

这就是生活。

性教育篇：

让爱的教育和生命教育遍地开花

周剑喜：性教育的温暖守护者

> 教育就是要让每一颗心都有力量，让每个人都自在生长。

周剑喜，心性自在学苑创始人，加州整合大学应用心理学硕士。她致力于将人文关怀融入性教育，以温柔的力量守护孩子的纯真。

作为儿童青少年性教育高级导师，她致力于传播正确性知识，构建健康性观念，让性教育不再是一片被忽视的盲区，用知识和爱心照亮每一个需要被关注的角落。她以行动践行公益，用爱心温暖人心，为社会的和谐稳定贡献着自己的力量。

有人说中国的孩子最缺三个教育，第一个是金钱教育，第二个是生命教育，第三个就是性教育。虽然我们不是缺失性教育的第一代，但我们可以是缺失性教育的最后一代。

秉承着这样的信念，我开启了个人品牌创业之旅。

决定开始心理加性教育板块的创业前，我听到了太多反对的声音，有来自外行的，也有来自心理和性教育同行的，他们都不断在我耳边告诉我："做性教育是养不活自己的；你不能只做性教育；性教育在当前是做不起来的；你只能做儿童、青少年的性教育，成人的性教育是开展不起来的……"

这些话并没有影响到我，因为我坚信自己的使命和愿景，我希望每个人都拥有自在的人生，我希望每一颗心都有力量，于是我开启了心理结合性教育的创业之路。

短短半年，我已经在全国各地落地了十几场"谈性说爱"线下沙龙；我的学员遍布各地，还有在中国台湾和德国的学员……之前那些质疑的声音渐渐消失了，他们开始请教我是如何做到的，甚至有同行开始来咨询和报名学我的"性教育指导师"课程。

我的创业之路告诉我，创业者要坚持自己的热爱，去做对的事，不轻易动摇。

短期内取得这样的成果，我是如何做到的呢？

◆ 为什么投身性教育和女性成长

这要说到在我心中生根发芽的三颗种子。

做性教育的第一颗种子，大概可以追溯到童年。我的童年是和爷爷奶奶在乡村度过的，我很喜欢山清水秀的故乡，但我不喜欢乡村重男轻女的风俗。从第一次来月经开始，我就非常不理解，为什么女性买卫生巾需要用黑色袋子装，而不是像普通的商品一样，我不明白它特殊在哪里，但是我深刻地体会到这个特殊的黑袋子，是让我感觉到不尊重和不舒服的。长大后，走过全国很多的城市和地区，我才知道，我的家乡，已经是性别平等方面做得非常不错的区域了。

第二颗种子来自我的一位来访者。她有一个性相关的议题，我发现用我现有的心理学知识并不能完全帮助她，发现自己对于性议题的咨询，原来是不具备胜任力的。对于性的议题，我有很多的评判，同时，我也发现这些对于性的评判、对于性与性别的认知和态度，深深地影响着女性的个人成长。特别是在女性做选择的时候，这些性别的刻板印象，时常夺走女性的力量，让女性变得没有选择。

第三颗种子来自我这些年不断开展的线下沙龙活动。在不同的沙龙中，当有涉及"性"的议题时，我发现，原来大家对于"性"，有那么多迷思，有那么多知识盲区。原来，很多业内人士的常识，对大多数人而言，是闻所未闻的新知。我希望借由我和我的学员，能打破一部分关于性与性别知识的壁垒，露出些许光芒，驱散人们谈性色变的阴霾。

这三颗种子，在我生命中一点一点地发芽。

但这些年学习心理学和性教育，时常是入不敷出的，我需要有一份主业工作，才可以支撑我热爱的事业。

💎 从不敢接低价个案，到做好评率百分之百的高价个案

我和大多数心理行业的从业者一样，都靠情怀和一份稳定的工作，供养自己热爱的心理学。10年心理学和5年性教育的学习，我投入了几十万元，用于学习课程和个人成长。但我依然觉得自己不够专业，还没有准备好。这些年，我一直在做低价和公益的个案咨询。

后来，我遇到了佘荣荣导师，遇到了顺道，通过学习心理学创富系统的系列课程，踏出了魔法人生的第一步。当我心理学的副业有了稳定收入后，便立刻报名了热情测试和"魔法清单"的课程，在这个课程中，我清晰了自己的天赋和热爱，清晰了自己想做的事是什么——我想做结合心理学和性教育的课程，想帮助更多的人打破性别刻板印象，拥有自在的人生。我想让每一颗心都有力量，让每个人都自在生长。

于是我遵循自己的天赋和热爱去选择，重新规划我的人生。我毅然决定离职，做自己最想做的事业，离开了稳定的公益行业，踏上了个人品牌创业之路。

我在创业的几个月里，体会到了这样的感觉：做的事都是自己喜欢的，便从来不觉得是工作。看着那些笑脸和改变，我觉得一切都是值得的。

💎 从成立心理工作室，到成立心性自在学苑

提到商业，你的第一反应是什么？

你是不是跟我一样有下面这样的想法：提到商业，想的是割"韭菜"；提到营销，想到的是"传销"；想到的是无商不奸、无奸不商……

我学完课程的第一反应却是，原来好的商业是最大的修行，好的商业是最大的慈善。

"商业思维与心法"课程击碎了我对商业的很多固有错误信念，这个课程让我站在更高维度看待商业的本质，看到的世界真的和我以前理解的完全不同，我开始反思自己的无知和傲慢。曾经的我对商业不了解、有误解，却一直带着很深的评判心和分别心。

我最初来学习，只是想了解一下怎么更好地开启自己的心理工作室，三天的沉浸式学习之后，我想的是，我想成为一名优秀的企业家。当梦想和愿景变得更大，你的能量也会变得更强，会吸引更多志同道合的人来到身边，一起实现这些愿景。所以短短半年时间，我就吸引到了全国各地对于心理、性教育、女性成长感兴趣的伙伴，来到我的身边。

💎 从自己开展性教育，到开启性教育指导师千城计划

在北京开启了自己的创业之旅后，本来我还在不紧不慢地自

己开展性教育工作，但2023年某地一名男孩被同学性侵的新闻，让我有非常大的触动，也成了我想培养性教育指导师的一个重要转折点。

通过很多这类新闻，我开始觉醒，我不能一个人做性教育……

我一个人一生能帮助多少个家庭和孩子呢？还有多少人因为性教育的污名和误解而错过了最好的教育孩子的时刻呢？会有多少女性因为性的污名化，而停止对自己成长的探索呢？又会有多少家庭因为难以启齿的"性"，而分崩离析呢？

这个转念，让我深刻认识到我应该培养出千千万万个性教育指导师，未来，在每一个城市，每个人的社交圈中，都要有精通性教育的人，才能真正实现我的愿景。

未来，不仅是在北上广深这样的大城市的家庭中的孩子才可以接触好的性教育，而是在每个市区、每个县城，在你的家门前，就有专业的性教育指导师！需要性教育的不仅是孩子，更是成年人。

因为有这样大的愿景，2024年，我启动了性教育指导师千城计划。短短1个月，已经有50多位学员报名了课程。

我有一个梦想：

让天下没有被性侵的孩子；

让每个城市都有不止一位心性自在学苑的性教育指导师；

让为人父母者都精通性教育，让每个孩子健康幸福成长。

中国有300多个地级市、2800多个县城，如果未来每一个城市、每一个人的社交圈里，都有一位性教育指导师，那会是什么样的场景呢？那是多么美好的画面，可以让多少家庭和孩子免于性的困扰和伤害，会有多少女性变得更有力量，去开启赋权的自在人生，开启顺流的美好人生。

这是我的目标，我会不断为之努力。但我也时常提醒自己，不要困于目标，放下对于目标的执念，专注在内容上，踏踏实实去做好每次线下沙龙和课程。我要以 10 倍价值交付为标准，让每个学员在课程中都有收获、有成长。借由他们，把更多的爱和正确的性教育认知传递给更多的人，更加用心地对待我的来访者、我的学员、我有幸遇见的每一个人，把这份爱传承下去，传递给这个世界。

我要坚持做心理结合性教育的内容，持续关注女性成长，让更多人了解，性教育并不是什么洪水猛兽，性教育的本质，也是一种爱的教育，是一种感恩生命的教育。

我期待未来在我和学员们的努力下，我们可以消除对性教育的污名化，改变"谈性色变"的教育环境，让更多人自在地生长，让更多人充满力量地前行。

真正对大家负责任的性教育，不仅是心理、生理的教育，更是爱的教育，是人格成长的教育，是自我赋权的教育，是人生智慧的教育。

不是禁止，而是保护；

不是剥夺，而是给予；

不是夺权，而是赋权。

教育就是要让每一颗心都有力量，让每个人都自在生长。

心理咨询篇：
让生活重新开出花

李金玲：遇见更好的自己，唤醒心灵的智慧

> 万物皆有裂痕，那就是光照进来的地方。

她是华东理工大学的MBA，更是从生活熔炉中练就的心灵导师。从传统女性到专业的心理咨询师，面对家庭的变故，她选择自我疗愈，用心理学的力量，不仅治愈了自己，更化身为众多迷茫心灵的引路人。

她以自己擅长的青少年厌学、婚姻情感、压力与情绪疏导、女性自我疗愈及事业困扰等领域的心理咨询，广受赞誉。积极打造线上商学院，通过读书会、沙龙、训练营等多种形式，让更多人受益于她的智慧与爱心。确保每一位客户都能得到最贴心、最专业的指导，以非凡的韧性和对爱与智慧的执着追求，成功转型，成为点亮心灵的那盏明灯。

38岁以前，我是一个非常传统的女性，婚后跟丈夫一起创业，从租赁500多平方米的厂房，到买下200亩地的资产，我的眼里、心里，只有丈夫和孩子。我本以为一切都可以如此顺遂，可随着孩子的成长，一切都变得不可掌控。

2013年，大儿子读初中，这个从小懂事听话的孩子突然出现各种各样的状况，沉溺于游戏、不写作业，成绩一落千丈。

老师频繁找我，每每接到老师打来的电话，我的心里就发慌。

因为孩子的问题，丈夫也不断跟我争吵，怪我没管好孩子，我的生活变得破碎不堪。我一度不知道婚姻该如何坚持下去，陷入深深的自责、内疚和自我怀疑中。

为了自救，我开始学习心理学。

学心理学以前，我以为问题都是别人的。学心理学以后，我才发现，一切的根源，都是自己。

妈妈对我最大的教导，就是听话。我从小乖巧懂事，的确听话，却不知道，这在无意中给自己套上了层层枷锁。

等我当了妈妈，我也用童年被对待的方式来对待孩子。我怕他犯错误，怕他不诚实，怕他不遵守时间，怕他字写得不好看……

每当看到他的行为触碰了我的"红线"，我便变得异常严厉，美其名曰"原则问题"，不可商量。

为了纠正他的行为，我撕过他的作业本，体罚过他，甚至把他赶出家门，可一切都无济于事。

没有学习过心理学的父母，有时真的非常的可怕，因为无知，所以无力，因为无力，更要控制。看起来都是为了孩子好，其实只是想满足自己的掌控欲。

直到我学了心理学，才慢慢懂得，这些行为，都是我自己的心理投射。唯有改变自己，才能帮助孩子。

💎 学习心理学，让生活重新开出花

意识到问题之后，我开始自我疗愈，也开始疗愈孩子。

我给儿子做的第一个"个案"，便是帮他处理对爸爸的恐惧。

我丈夫脾气暴躁、冲动易怒，给儿子留下了很多童年阴影。而我这个妈妈，也不曾帮儿子建立足够的安全感。

儿子对爸爸的恐惧刚开始打 9 分。他非常害怕，这使得他很多时候都不能做自己。个案处理完，他打了 2 分。那时，我还非常"小白"，但竟然也能有这么好的效果，我第一次发现了心理学的神奇。

我渐渐生出成为一名心理咨询师的想法。

心理咨询师的从业之路并不容易。2018 年，我终于排除一切困难，成立了自己的心理工作室，从开公益沙龙、读书会开始，后来慢慢接个案、开课程，一点点缓慢地成长。

2022 年，我接触顺道，开始做个人品牌，成立线上学院，业绩突飞猛进，到今天，也渐渐在圈子里做出了一点小小的成绩。

我终于不再是那个无知、无助，唯有依靠丈夫才能活下去的女性，我有了属于自己的更广阔的天地。

2023 年底，我重新装修工作室，又搭建了团队。美好的未来正在不断向我招手。

在将近 11 年的成长中，我总结了一些小小的经验，想分享给对心理学感兴趣、想在这个领域中深耕自己，以及想从事相关职业的朋友。

◆ 心理咨询师必备的能力

要成为一名合格的心理咨询师，必须不断成长、不断修行，必须具备以下能力。

1. 持久的学习力

一名心理咨询师，需要掌握很多理论知识，所以不断的学习是必不可少的。

我从 2013 年开始报名国家二级心理咨询师培训以来，参加了各种线上线下课程，持续的学习既让我涉猎广泛，又让我保持一定的深耕，不断完善理论体系和知识架构，为自己从业心理咨询师打下了坚实的基础。

2. 一对一个案咨询能力

一对一个案咨询的能力是每个心理咨询师最核心的专业能力。如果你不能帮别人实实在在地解决问题，就不具备真正的从业资格，哪怕你手上拿了一沓证书，也无济于事。

心理咨询师的沟通能力、共情能力和洞察能力都非常重要，这些可以支持心理咨询师陪伴来访者在纷繁复杂的现象世界中，找到源头，并找到答案。再掌握一些疗愈的技术，就可以很快帮助来访者穿越生命中的荒野，从源头上帮他们解决问题。

这项能力需要不断练习，刚开始可能觉得毫无头绪，身边也没有陪练，那不妨参加由资深心理咨询师带领的咨询实操班，不断练习。这样，到真正咨询的时候，才不至于手忙脚乱、打击自信心。

我最初学习的时候，也报过好几次这样的面询班，现在自己也带班，深知刚开始做咨询的不易。

有条件的可以直接约老师咨询。当你体验过多次之后，自然会知道如何去给别人做咨询。我有好几位学员就是在找我做过数次咨询后，真正走上了自己的心理咨询师之路。

3. 自我关怀能力

很多人考过证，做过一段时间心理咨询师工作后，选择了放弃，因为发现每天面对别人散发的负能量，会影响自己的生活。

这就非常考验心理咨询师的自我关怀能力了。我个人非常推荐实修，只有让自己的觉察足够精微、活得足够通透，境界、格局达到一定的高度，才能面对任何来访者的任何问题都泰然处之，而不至于引起自己的情绪起伏。

实修，也是提升自己的感知能力、直觉力和洞察力的最佳方法之一。

4. 营销能力

现在行业内面临一个非常大的问题就是，普通人有问题不知道找谁咨询，而心理咨询师也不知道自己的客户在哪里。

尤其在个人品牌时代，心理咨询师的自我营销能力变得越来越重要。

掌握一定的营销能力，让客户找到你、信任你，愿意对你敞开心扉，说出自己的困境，是心理咨询师非常重要的一项能力。

我最开始获客，源于我喜欢分享。我把我成长的故事都写了下来，发在了简书上，有很多人来给我点赞，说我写出了他们的心声。当他们想咨询的时候，自然就想到了我。

第二批客户来自口碑相传。因为我经常做沙龙和读书会，很多人就对我比较熟悉。他们信任我，所以当他们有朋友或家人需要咨询的时候，他们也会非常自然地帮我介绍。

包括我后来被社区邀请去做一些心理类的沙龙和培训，也都是朋友推荐的。

第三批客户来自直播。有人通过直播间认识了我，第一印象是我非常有亲和力，让他们很信任，就直接来报了我的课程，或者来找我做咨询。

无论你用什么方式，你都必须让别人知道你在做什么事、能帮别人解决什么问题，你的形象、气质、气场也要相匹配，这样，别人才会信任你，有问题想咨询的时候，才会想到你。

除了以上 4 种能力，如果你还能具备观点输出能力，是再好不过的，这样，你就可以开发自己的课程，通过讲课的形式帮助更多的人。

从经济价值上来看，一对一咨询是把一份时间卖了一份价格，而讲课，却是把一份时间卖出多份，无论是对于自己，还是对于来访者，都是最佳选择。

这也是目前大多数心理咨询师走的道路。

罗马不是一天建成的，心理咨询师也不是一天就能养成的。我刚开始上心理咨询师课程的时候，我的一个老师告诉我，国外有个标准，叫 7 年养成一个心理咨询师。可见真正成为一名心理咨询师，并不像国内某些广告宣传的，你考一个证，就可以上岗，并且达到多高的收入。这其实是非常不负责任的。

在漫长的咨询师养成过程中，需要大量时间、精力和金钱的投入，需要我们有耐心、恒心和决心。

◆ 提升专业能力的方法

心理咨询师是专业性非常强的职业，专业能力永远排在第一位。有非常强的专业能力，才能真正给客户提供最大的价值。

提升专业能力有以下几种方法——

1. 看书

海量阅读是我们必须做到的。从 2013 年正式学习心理学以来，我每年都会阅读 30 本以上专业书籍，大量的阅读极大拓宽了我的知识面。

2. 课程选择

不同的课程解决不同的问题。比如工作坊类更注重体验，知识教授类更注重理论。有的平台帮助你自我成长，有的平台注重职业培养。心理学流派更是有成百上千种。所以，如何在众多课程中找到最适合自己的课程，也是个非常重要的问题。

3. 做助教或志愿者

当你在一个平台里发展到一定阶段，一定要申请做助教或者志愿者。当你不再是单纯从学员的视角看老师的课程设置时，你的成长会更迅速，收获会更多。

4. 持续输出

打造个人品牌，强大的输出能力是基础，是必修课，不是选修课。

我之所以成长得非常快，是因为我从2016年开始，就持续进行输出。刚开始只是分享自己的收获、心得，后来去拆解技术和方法，再后来讲理论。教是最好的学，你讲得多了，收获最大的永远是自己。

现在互联网发达，输出的途径更多了。直播、短视频、公众号都是非常好的输出渠道。选定自己擅长的，持续地做下去，你会有意想不到的收获。

◆ 变现方式

一份喜爱的工作，如果带不来稳定而持久的收入，也是很难坚持下去的。

心理咨询师的变现方式有很多，我总结了以下10种。

1. 读书会

在没有能力开发自己课程的时候，带读书会是最简单有效的成长和变现方式。

2. 沙龙

当你能开半天沙龙的时候，其实离你能开 3 天课程的时候就不远了。

3. 线上训练营

在互联网发展迅速的今天，带线上训练营也是一种非常普遍的变现方式。我刚开始做线上财富密训营的时候，这种训练营还很少，如今也是遍地开花了。

4. 借力平台

当你不能独立经营一家工作室或者平台的时候，你可以加入一个平台。中国人讲"背靠大树好乘凉"。借力更大的平台，一是方便自己学习和成长，二是可以通过分享这个平台有一些收入，既帮助了客户更快、更准确地找到适合自己的课程，又帮助了平台发展，一举三得，实现三赢。当然，这也非常考验咨询师自己鉴别课程和平台的能力。

5. 一对一咨询

一对一咨询是能够给来访者带来改变最快的方式，同时也是建立关系最牢固、最稳定的方式。来我工作室咨询过的客户，当他们的亲戚朋友遇到问题的时候，他们都会在第一时间帮我推荐。所以，用心服务好你的每一个客户，是你的立身之本。

6. 培训

培训可以有多种形式，可以有线上的，也可以有线下的。可以根据自己的能力选择合适的培训内容和客户群体。

7. 社区和企业邀请讲课

现在人们对心理健康的诉求越来越多，社区和企业都增加了心理类沙龙，这也萌生了大量市场需求。只要你持续在做，一定会有人找你。

8. 私教陪跑

一对一私教对于客户数量不是很多但质量比较好，又想做高客单价的心理咨询师而言，就非常合适了。

9. 家庭陪护

如果你能力足够，可以做家庭全案咨询，或者家庭陪护。这对心理咨询师的能力要求更高，同时客单价也更高。

10. 做自己的商业模式

如果你具备足够强的专业能力和一定的商业运营能力，可以打造一家属于自己的平台，不但实现自己创富，还可以带领更多人创富。

以上 10 种形式从简到难。当最开始什么都不能做的时候，陪伴是最小的创业成本。这个时代，时间和温度会越来越成为稀缺品，人们对情绪价值的渴望，会形成一种新的消费趋势。

◆ 未来趋势

1. 找到同频的人

由于互联网的高速发展，经营个人品牌逐渐成为一种趋势。但一个人的时间和精力都是有限的。如果直播、短视频、公众号全面运营起来，加上咨询和课程的交付，还要不断持续学习、深耕，对于一个人时间和精力的挑战非常大。所以，成立小而美的团队，是未来创业的主要趋势。

找到和你同频的人，共同创立一个品牌，然后一起把它经营下去。

2. 找到细分领域

随着心理学这几年的飞速发展，心理学的细分领域越来越多，这也是商业时代最大的特征之一。当一个行业发展得越来越成熟，就会越来越细分。

找到你擅长的细分领域，宽 1 米，深挖 1 万米，你就会成为这个细分赛道的王者。

越是后来者，就越是要细分。

如果你什么都擅长，就代表你什么都不擅长，很难在市场上站稳脚跟。

◆ 心理咨询师的人格魅力

心理咨询师的人格魅力特别重要。有一位专门帮知识付费博主打造个人品牌的老师说过一段话，他说一个心理咨询师的专业能力只占10%，他的人格魅力、他灵魂的价值、他的精神高度占90%。一个心理咨询师具备了专业能力，别人不一定会选你帮他解决问题，可你活出来的样子让他愿意靠近你，你就已经在影响他了。

个人品牌，是你唯一且不可被复制的差异化竞争元素。

如果你自己都活得别扭拧巴，哪怕你学了再多的理论，技术再好，学历再高，恐怕也吸引不到更多的客户来找你。

心理咨询师职业不同于其他职业，它是一份关乎心灵的工作，是需要很多爱的职业。所以心理咨询师愿意活出自己富足的人生状态，同时又心怀大爱，愿意陪跑生命，本身就是对普通人最大的疗愈。

这一份决心会帮助你跨越千山万水，克服一切困难和阻碍，是一份灵魂的契约，一份爱的回响，一份同频共振的喜悦，一份站在高山之巅，领略无边风景的舒畅感、开阔感和无法言说的成就感。

我觉得这是人间最美的职业。

我的心理学之旅

你再喜欢一件事,如果不能带来稳定的收入,也是很难持续做下去的。

2022年,上海封城,工作室所有的线下活动都停止了,我的月收入一度降到3000元。我开始考虑转战线上,也首次接触了"个人品牌"的概念。

之前,我只是想做一间小小的工作室,帮助身边的人。后来,我的"野心"开始膨胀,我开始觉得,我有能力影响更多的人。

我开始做定位,带线上训练营,打造自己的平台。2022年7月,我启动第一场线上直播。这年我做了88场直播,积累了第一批线上客户。有的学员,仅仅是看了我的直播,就加入了我的训练营,愿意跟我一直学习下去。

互联网,极大地放大了我的个人价值。

从《和财富做朋友》中,我学到,个人品牌不是打造出来的,是卖出来的,你有了好产品,就得敢于卖,卖自己的产品,更是卖自己的影响力。

只有为你付过费的学员,你才有机会为他更好地服务。

我之前完全是靠着一股子劲儿横冲直撞,而商业,会让心理学插上创富的翅膀,让我在心理学飞速发展的今天大放异彩。

◆ 什么会让你放弃

在心理学领域成长的十几年中,我遇到了很多最初怀有美好的愿望,中途却改道易辙,再次回到自己原先的领域上班的朋友。他们大多踩了以下 3 个坑。

1. 学了很多理论,却过不好这一生

80% 的人已经在这一关被拦下了。

自以为学了不少理论,回到家就开始套用:父母当年没有给自己足够的爱,才导致今天的自己不幸福;伴侣现在这样对待自己,就是不接纳自己;伴侣现在这样对待孩子,所以孩子才不愿意去上学……

学习,让他自以为成长了很多,其实不过是多了一层枷锁在自己身上,不但于事无补,还多了新的烦恼。

修行不到位,很容易掉进"道理"的圈子里,学了再多,也过不好自己的人生,又如何去帮助他人?

为了更好地自我修行,你可以加入一个圈子,比如我创办的生命智慧研习社,选用了心理学中最实用的十几种方法,带着大家每天早课、晚课、觉察、清理、利他,最终实现自我成长。

2. 没有自己的产品

一定要有一个自己的产品,哪怕这个产品只是 199 元的小课,或者只是你的一对一咨询,抑或是你喜欢的老师的课,都可以,

但一定要有一个产品。

有了第一个产品，不断地打磨，持续地做下去，让它成为你的尖刀产品。

很多人一直学习和成长，但就是没有自己的产品，所以一直难以变现。

长期不变现，只能半途而废。

3. 不会营销

这个世界上任何产品都要经过商业、经过营销才能被大众熟知，哪怕是一本书、一台电脑、一双筷子、一只碗，都要经过营销，才能进入我们的视野。没有营销、没有商业，我们怎么能熟知它们呢？

做心理咨询师，最大的"商品"便是自己。如何把自己经营好、把自己卖出去，是非常重要的一门学问。

告诉别人你是谁、你能做什么、别人为什么选择你，你就已经成功了大半。

如果你没有客源，你又怎么坚持下去？

◆ 写在最后

人生没有白走的路，你所有吃过的苦、受过的累、过不去的坎，都会成为自己最大的资本。

作家坎贝尔写过一本书，叫《英雄之旅》。英雄在成为英雄之前，也是一名平凡的人，过着平凡的生活。有一天，突然发生了一件事，他遇到了困难，因此踏上了寻找出路之旅。

旅途中，他会遭遇黑暗，遇到恶龙，通过不断成长，找到同盟，最后带着火把，回到洞穴中来，照亮他旧时的生活。

心理咨询师走的就是一趟英雄之旅，不断学习，不断成长，不断突破，在不断"升级打怪"的过程中，找到点亮心灯的火源。

万物皆有裂痕，那就是光照进来的地方。

当我们完成了这一趟英雄之旅，我们也会找到我们在人间真正的使命。

愿你成为一个能够照亮他人生命的人。

家庭教育篇：

珍惜和成就生命中重要的人

尹苗淼：家庭教育领域的璀璨明星

> 当我们开始疗愈自己，然后学会为他人赋能，就会获得终身的幸福美满。

家庭教育创富系统／乐智谦教育创始人。

在顺道为其进行的整体规划和指导下，她成功构建了家庭教育创富系统，点亮了无数家庭与孩子的心灵灯塔。实现了知识的价值转化，其教育理念支持着渴望成长的家庭，成为他们心中的教育之光。在她的带领下，家庭教育咨询师的价值得到认可，咨询费从 200 元飞跃至 8000 元且家长争相支付。所建立的乐智谦商学院系统，赢得了社会各界的广泛关注与赞誉。她是关于智慧、勇气与坚持的传奇。在家庭教育这片沃土上，正以她独有的光芒，照亮着更多家庭与孩子的成长之路。

你是否因为孩子性格叛逆、内向自卑、学习拖拉、动力不足、成绩不提升、写作业不主动而焦虑？

你是否因为夫妻关系、婆媳关系、亲子关系紧张，难以轻松沟通而苦恼？

你是否因为赚钱难，事业不顺利、不理想而苦恼？

其实，这三方面的问题，都有同一个简单且唯一的解。

💎 家庭财富的真相

很多家庭里，夫妻双方疲于生活，为钱、为事业打拼，却对孩子的学习习惯、性格、成绩提升、升学规划无心力也无计可施，只能安慰自己"儿孙自有儿孙福，顺其自然我尊重他"。但是，单纯依靠学校的力量是完全不够的。

很多妈妈学习家庭教育、心理咨询，很多父母辛苦打拼，仿佛都是为了帮助自己的孩子成为快乐、自信、卓越、成绩优秀的孩子。是啊，最能帮助孩子，也最想帮助孩子，同时最有义务帮助孩子的，就是家长了。

那怎么做到呢？怎么实现呢？

很多人以为钱来自我们的辛苦劳动、勤奋努力，来自我们不断地精进各种技能，用更多的时间和努力换取更多的财富。如果你也这样想，那你就误解了财富的真相。事实上，创造财富的，主要有 2 个通道。当你明白了底层逻辑，就能理解生活中的各种现象了。

1. 财富的表层因

财富的表层因是我们人人都能想到的，也是非常必要的，即付出时间、努力精进、提升能力、做更多业务。天道酬勤，天行健，君子以自强不息。"行"是知行合一的行，知是行之始，行是知之成，所以，持续不断的行动和精进，是一切的根源。

作为父母，最希望看到孩子努力上进、勤奋好学、惜时如金、能力不断提升。想培养这样的孩子，最简单的方法是父母自己培养这样的习惯，如此一来，孩子潜移默化地，就成了你期待的样子。

我想让孩子学习唱歌跳舞，热爱运动，爱看书，自信大方，爱交朋友，那我就全当我在养育我自己，当着孩子的面学习、唱歌跳舞，走出去看世界时也都带上他。慢慢地，我的事业、财富水平，都因为这些习惯而改善，孩子也成了快乐、自信、卓越、爱学习的"学霸"。

2. 财富的深层因

①愿景

财富的深层因就是我们看不到的层面，有句话叫"无用之用乃大用"。我们常常做的规划蓝图、梦想目标、愿景愿望，直接影响我们的格局，也会直接影响我们的财富。梦想创造得更多，要帮助更多人实现更多美好，你的财富格局就会更大。所谓大梦想大成就，小梦想小成就，敢想才敢要，敢要才会得到。

一个有愿景的人，一定是有志向的、上进的，养育出来的孩子也必然是有志向和积极上进的。

②财富的因果法则

人人皆知种豆得豆，种瓜得瓜；一分耕耘，一分收获；善有善报，恶有恶报。因果定律可以解释世间万事万物，它已经融入每一个人的血液，并将跟随每个人的一生。然而，它又是被人忽视最多的一个法则，你或家庭成员做的任何一件事情，都会影响其他人。

在8年的家庭教育心理学研究中，我发现，一个家庭里，如果爸爸或者妈妈平常喜欢评判指责别人、暴躁爱发脾气、好吃懒做、自卑怯懦、逃避现实、沉迷享乐等，不只家庭财富会受影响，孩子的性格、行为方式、学业也必然产生相应的果。

因此，如果你想获得财富，你要明白财富从哪里来。

财富来自你认识的人和认识你的人。一定是因为你帮别人实现了价值，帮助人解决了问题，成就了别人，所以才会有财富的回报。你去看那些人际关系不好，而且经常抱怨的人，他的财富和事业都会很卡顿，因为他持着索取者的心态，希望别人给予更多，别人没有，他就生气、不开心，但他却忘了财富的本质是给予而不是获取。当你付出的足够多，收获是必然发生的。

所以，当你不断给予别人能量、成就别人，帮助别人获得财富、获得成长、获得智慧、获得幸福、获得健康的时候，你就会有源源不断的财富能量的回流。如果你能力尚不足，那这种给予可以是一份动机，可以是给人力量的话语，也可以是给人希望的行为、鼓励。

不要着急，种子总有一天会开花结果，就算你在庄稼地里种粮食，也要经过一年四季的生长才能成熟。这个过程，需要你不断重复地种大量利他的好种子，不断地分享你看到的、用到的、学到的、体验到的能让别人更智慧、更富足的认知，且不断调整你的动机，如此，你会越来越平和喜悦，心情状态、人际关系都会越来越好，财富自然越来越好。

我有两句话送给你，你去践行了，生活中会处处是惊喜：第一句，珍惜你生命中出现的人，像珍惜礼物一样。第二句，成就你生命中出现的人，像成就你的作品一样。

③财富的传承法则

你有没有经常跟孩子讲起家里老人们的优良品格？可能是勤劳勇敢、智慧敬天、博爱济众、坚强不屈等，这些都是家族的财富。孩子听到就学到，品格、习惯、信念上都会得到加持。

为什么我做什么事业都可以成功？大概是因为小时候经常听爷爷、爸爸妈妈讲起我老爷爷的革命英雄故事。老爷爷小时候聪明勇敢，在同济大学读过书，后来家里出事了，他又去武堂学习，当过县长，家境殷实且乐善好施，经常帮助乡邻，至今大家讲起来都还竖大拇指称赞不绝。

我们这些后代基本继承了老爷爷的优良传统，勤奋好学，敢于尝试，勇敢且有担当，乐于助人，慷慨利他。

这些传统，通过父母的讲解示范，代代传承下来，我又讲给儿子听。我经常告诉他，你是英雄的后代，你身体里流淌着智慧、勇敢、坚强的祖先的血液。

◆ 家庭幸福美满

家庭关系是很多人今生通过的第一关，尤其是亲密关系，那个让你爱而不得、痛不欲生、难舍难分的伴侣，其实是对你生命状态最深的照见，一首照见生命的诗送给你。

《反观自照》

萨提亚

我看见你的冷漠

却想去温暖这个冷漠

我看到

其实我还没接纳你的冷漠

我看见你的痛苦

却想去结束这个痛苦

我看到

其实我并没有陪伴你的痛苦

我看见你的自私

却去评判你的自私

我看到

其实真正涌动的是我的自私

我看见你的愤怒

却想躲开你的愤怒

我看到

可复制的财富力

其实我没有允许你可以愤怒

我看见你的焦虑

却去担心你的焦虑

我看到

其实我已开始陷入焦虑

我看见你的无力

却不知道要伸哪只手来抱你

我看到

当下我也无力

我看见你的美丽

并欣赏着你的美丽

我看到

当下我也开始美丽

我看见你的善良

并喜悦着你的善良

我看到

原本我亦善良

我看见你的真实

并相信着你的真实

我看到

原本我也如此真实

我看见你的坚定

并看到相守的温柔

我看到

我正坚定并且温柔

我看见你的坚强

并感受着坚韧的力量

我看到

我正承接到这样的力量

我看见你的谦卑

并感受内在的自信

我看到

我也开始低头谦卑

我看见你的淡定

并感受到平静的慈悲

我看到

我正在走近慈悲

我看见你的敞开

并拥抱你的敞开

我看到

其实我也正在敞开

我看见你的付出

不带任何条件

我看到

其实我也学会将自己分享

我看见你的纯粹

只是

做自己想做的事

爱自己想爱的人

走自己想走的路

痛了就哭，喜了就笑

累了就歇，好了就走

我也看到了自己

如果对于看见

只是看见

并接纳所有的看见

并不想要马上去改变

透过看见

我看见了自己

也看到

生命原本的纯粹和全然

这首诗的哪句话深深地触动了你的心灵，照见了你的生命？

家庭幸福其实很简单，当你开始疗愈自己，且不断地觉察自己，允许自己和家人慢慢练习有觉知的爱，然后学会为别人赋能，你将获得终身的幸福美满。

道理总是听着简单做着难，因为造成亲密关系冲突的原因，往往是我们自己将对父母的期待投射给伴侣、安全感缺失、低价值低自尊、边界感缺失等，是我们底层的信念和更深层的心力系统导致的，必须经过系统的学习或心理咨询，加上刻意练习，才可以重新用幸福把自己包装起来。

聪明的读者，你应该已经发现了，家庭幸福、亲密关系的根源跟财富关系的根源很相似。

💎 孩子快乐、自信、卓越

家庭教育还有一个目标，就是希望孩子考高分、进名校，有更好的成就和未来。

那在家庭教育里，怎样帮助孩子提分呢？有没有什么既轻松又无须痛苦补课的方法呢？有研究表明，传统学科补习的效率只有24％，费时费力费钱，还挫伤孩子的信心。

其实，调分先调人。要通过专业的心理学技术、先进的教育理念和方法，帮助孩子了解自己的天赋优势、智力特长、性格模式，以及价值观和职业兴趣，更加深刻地认识自己、相信自己、挖掘自己的优势，不再两眼一抹黑地随便学习，以及受别人的评价影响。

通过激发孩子的梦想，以及一系列的心理学技术，我们可以帮助孩子增强自信心，养成良好的学习习惯，学会先进的学习方法，提升行动力、执行力和目标管理能力。

孩子成绩不好、学习动力不足的根源，除了孩子本身的学习动力、学习能力、学习习惯、思维能力、目标管理能力、自信心等，更重要的是家庭的心力系统和父母的行为模式，也与父母的性格特征有很大的关系。在做学生的天赋学习力解读和学业规划时，我让家长一目了然地看到，原来是他们自己影响了孩子，稍加调整，孩子就变得自信乐观、学习动力十足。

其实，孩子的性格问题、心理问题、学习问题，都很容易解决，就怕问题一拖再拖，错过孩子学习、升学的黄金时期。我很真切地见证了所有成功、幸福的人都有极强的学习能力和迭代自己的能力。同样地，生活不如意的人都有一个共同点，即学习迭代、提升自己的能力极差，而决定学习能力的关键时期就是学生时代。

现在很多孩子"躺平"，家长无奈又着急，后来只能妥协。其实只要父母疗愈自己、活出自我、尊重孩子，帮孩子复盘成就事件，找到优势，利用学习方法比如费曼学习法、思维导图、记忆宫殿、内观学习法等，就可以轻松帮助孩子找回自信，并爱上学习。

通过学习成长，我们的每个孩子都是天生的"学霸"，每个妈妈都是天才教育家。所有父母都有责任、有义务让自己的孩子快乐、自信、卓越，同时帮助更多的孩子快乐、自信、卓越。让更多的孩子变好，才是真的帮助自己的孩子长长久久地好。

天赋篇：

发掘每个人独特的无价宝藏

冯希：天赋成长导师

> 当你发现和发展个人天赋时，你将超越平凡，踏上卓越之旅。

从财务领域跨界到心理学，不断拓宽自己的职业领域。她的专业背景使她具备了独特的视角，能够将财务的严谨与心理学的细腻相结合，为学员提供更为全面和深入的学习体验。

作为梦想成真训练营的创始人，成功将个人"梦想成真"的经验转化为公益和付费社群，助力更多人实现人生梦想。30天线上同理营、非暴力沟通读书会、希真社诸多项目的成功运行，吸引了众多学员的参与，获得了广泛的好评，为学员提供了丰富的学习机会和深入的思考空间。

天赋，就像一颗闪耀的钻石，隐藏在每个人的基因里，等待着被发现和绽放光芒。天赋是每个人与众不同的密码，借助天赋的强大力量，我们得以开启财富的大门。

人类的天赋就像是无价的宝藏，等待你去发掘和利用。天赋是我们与生俱来的独特能力和潜力，是创造财富的秘密武器。当你发现和发展个人天赋时，你将超越平凡，踏上卓越之旅。

天赋的奇妙之处在于，它让我们的付出变得轻松自如。当你与自己的天赋相契合时，你将发现灵感源源不断地涌现，行动变得自然而然，更为你的创业之路注入了独特的竞争力。

如果你能了解自己的天赋，将其转化为商业机会，你将在财富的道路上走得更远。

马克·扎克伯格是 Facebook 的创始人之一，也是全球知名的企业家。他的天赋在于计算机编程和创新思维。扎克伯格在大学期间发现了社交网络的潜力，并利用他的天赋创立了 Facebook，将其发展成全球最大的社交媒体平台之一。通过将个人天赋与技术以及商业洞察力相结合，他成功地创造了巨量的财富，成为亿万富翁。

如果你能发掘和发展个人天赋，你就能在市场中脱颖而出。

在你发现和发挥天赋的那一刻，整个世界都将对你敞开大门。

不要再害怕走出舒适区，不要再忽视自己内心的梦想。相信天赋的力量，相信自己的独特之处，发挥你的天赋，创造属于自己的财富奇迹。

♦ 挖掘财富的宝藏——发现你的独特天赋

发现天赋的方法多种多样。

1. 自我观察

留心自己在不同领域的表现和兴趣，发现那些让你感到自信和愉悦的事情，并把这些事情记录下来，它们之中可能就隐藏着你的天赋之光。

以下途径可以助力你自我观察。

①静心反思

给自己一些安静的时刻，思考过去的经历和活动。回顾你感到自信和成就感的时刻，以及你在其中展现出来的才能和特长。这些回忆能够帮助你发现你的天赋所在。

②注意兴趣

留意那些引起你兴趣和激发你热情的领域。无论是艺术、运动、社交，关注你愿意主动投入时间和精力的领域。这些兴趣往往和你的天赋紧密相连。

自我探索是发现天赋的钥匙，只有深入了解自己，才能找到那颗闪耀的钻石。

2. 多领域探索

勇于尝试不同的领域，如艺术、心理学、科技、营销等。在新的尝试中，你可能会惊喜地发现自己的天赋正悄悄萌芽。

以下方式，能帮助你更好地发现自己的天赋。

① 尝试新事物

积极寻找机会参与不同的活动。无论是学习一种新的乐器，尝试绘画、舞蹈、编程，还是参加团队运动，通过尝试新事物，你可能会发现自己之前未曾意识到的才能和潜力。

② 扩大社交圈子

与不同领域的人建立联系，参加社交活动和行业聚会。和他人交流、分享经验和观点，倾听他们的故事和经历。这样的交流能够开拓你的视野，让你了解更多领域的机会。

③ 探索交叉领域

将不同领域的知识和技能结合起来，探索交叉领域中的机会。比如，在心理学和营销之间寻找链接，这样的探索会激发你的创造力，并揭示你的天赋所在。

3. 听取他人意见

与亲近的人交流，询问他们对你的观察评价，特别是那些你尊重和信任的人，他们的反馈能提供有关你潜在天赋的宝贵洞察。

与他人交流，获取外部反馈，是发现天赋的明智之举。

4. 发掘热情和兴趣

深入发掘内心的激情和兴趣，努力将它们转化为实际的技能。激情和兴趣通常会推动你更深入地探索和发展某个领域的技能。

5. 寻求专业指导

如果你对自己有何天赋感到迷茫，不妨寻求职业咨询师的指导，或者学习一门探索天赋的课程。这些专业指导和知识能帮助你更好地认识自己的天赋。

我的很多同学说，参加顺道的热情测试课程之前，迷茫、焦虑，不知道自己的天赋和热情所在。通过学习，他们找到了自己的天赋和热情，从此心中有了力量，事业有了方向。

发现天赋不是一蹴而就的，需要持续的探索和努力。挣脱束缚，勇往直前，你将逐渐发现和发挥出自己的天赋。

◆ 揭秘天赋的培养秘籍，助你快速成为财富创造者

在发现自己的天赋后，培养它，这是成为财富创造者的关键一步。

如何培养天赋？

1. 深耕细作，精益求精

想要用天赋创造财富，你需要精益求精地提升自己的技能和知识水平。

李安，全球知名导演，在电影创作方面有着卓越的天赋。他从年轻时就投入电影制作，并不断深耕细作。通过学习电影理论、磨炼导演技巧、积攒拍摄经验，他创作出众多经典作品，如《卧虎藏龙》和《少年派的奇幻漂流》。李安的天赋和努力使他成为世界级导演，并创造了巨量的财富。

天赋是基础，不断的学习和进步是你成为财富创造者的助推器。

2. 寻找老师，借力成长

与行业内的专家或成功人士建立联系，寻找一位老师，这是你成长的捷径。他们可以为你提供宝贵的指导和经验分享，帮助你更快地发展自己的天赋。

乔布斯，苹果公司的创始人，在计算机和设计领域有着非凡的天赋。他通过与老师伯克利·鲍尔合作，快速成长为创新和商业领域的重要人物。伯克利·鲍尔是一位计算机科学家和企业家，他的指导帮助乔布斯在技术和商业领域取得突破。

天赋加上老师的指导，让你更好地发展自己。

3. 不断实践，积累经验

实践是培养天赋的重要环节。通过持续实践，你可以不断锤炼自己的技能，发现不足并改进。

玛丽·居里，是一位出色的科学家，两次诺贝尔奖得主，她的天赋在科学研究领域展现得极其出色。她通过持续的实验和研究，积累了丰富的科学知识和实践经验。她不仅推动了放射性研究的发展，还获得了一项重要的科学发现，因此她两次被授予诺贝尔奖。

实践是成长的阶梯，只有通过实践，才能真正展现你的天赋。

4. 持续学习，保持开放的心态

天赋培养永无止境，要保持持续学习的心态。不断学习新知识，关注行业动态，并不断更新自己。

马丁·塞利格曼，积极心理学的奠基人之一，在心理学领域有着卓越的天赋。他致力于研究人类幸福感和积极心理学，并通过不断学习和保持开放的心态，推动了该领域的发展。他的研究成果改变了人们对心理健康和幸福的认知，并为心理咨询和积极心理干预提供了重要的理论基础。马丁·塞利格曼的努力和贡献，使他成为广受尊敬的心理学家，并为他创造了巨量的财富。

通过深耕细作、寻找老师、不断实践和持续学习，不同的名人在各自领域取得了成功。

发掘天赋只是第一步，培养和发展天赋才是通往财富之路的关键。不要停止进步，不断学习和实践，让天赋成为你创造财富的有力武器。

◆ 天赋 + 创造力 = 创造财富

每个人的天赋都是独特的，在发挥个人天赋的基础上提升创造力，便可以使天赋熠熠生辉，财富自然也就滚滚而来了。

如何通过天赋 + 创造力，来创造财富呢？

1. 挖掘需求，量身定制

留心市场需求，与天赋相结合，打造独特的产品或服务。

丽莎是一位设计师，她发现市场中缺乏个性化的时装供客户选择。她结合自己的热情和设计天赋，创立了定制时装品牌，为客户提供与众不同的服装。通过了解目标客户的需求，她成功地将个性化设计与市场需求相结合，为客户创造了一种独特的购物体验。丽莎的品牌因其独特性和高品质而备受追捧，她通过将个人优势与市场需求结合，成功为自己创造了商业机会。

由丽莎的故事可以看出，结合市场需求与目标客户的痛点，针对性地挖掘需求，并为客户量身定制产品，可以极大提升目标客户的满足感。在个人优势与热情的加持下，天赋便与市场完美地契合了。

2. 解决问题，创造价值

将天赋应用于解决问题，以此为定位来指导行为与设计个人产品，自然能创造极高的价值。

阿凯是一位优秀的软件工程师，他利用编程技能和创造力，开发了提高工作效率的应用程序。该应用因简洁易用和功能强大备受欢迎，为他带来丰厚财富。

当你的天赋成为他人的解药，在解决他人问题的同时，也会给你带来丰厚的回报。

3. 打破常规，创新突破

大胆尝试新想法，跳出固有思维，能够为自己创造新的财富机遇。

2023年末，一只巨型LV经典款包出现在上海北外滩，使这里成为网红打卡点，不仅吸引了大批LV粉丝，连普通游客也忍不住拍照留念，瞬间引爆了社交媒体，成功为在中国香港举办的LOUIS VUITTON 2024初秋男装系列时装秀提供了话题和持续热度。

4. 跨界合作，融合创意

与其他领域的精英合作，将不同天赋和创意融合，创造独特的财富机会。

比如茅台联合瑞幸推出的"酱香拿铁"爆火"出圈"，朋友圈和各大社交平台被"刷爆"。

当合作跨界，不同领域的创意相互碰撞、融合，并产生良性的循环时，便能产生1+1>2的奇妙效果，创造出新的财富价值。

◆ 让天赋成为个人品牌故事的主角

你是否曾经感到自己的天赋无法被充分发挥？你是否因为无法在市场中脱颖而出而感到困惑？打造个人品牌是解决这些痛点的关键。

拥有一个强大的个人品牌有诸多好处。

首先，它能让你在竞争激烈的市场中脱颖而出，吸引更多的目标客户。

其次，个人品牌就像一把开启商业机会和合作伙伴之门的神奇钥匙。想象一下，当你的品牌名声远扬，合作伙伴纷纷排队和你携手合作，这种感觉真的是让人心花怒放。

最后，它能让你的天赋如同一颗明亮的星星，在你的财富故事中熠熠生辉，助力你实现个人和财务上的成功。

那么，如何用天赋打造个人品牌呢？

1. 确定你的天赋

首先，你需要确定你的天赋，就像是探索自己内心的迷宫一样。是什么让你与众不同？是你的创造力，还是你的领导能力？精心思考，或许在某个瞬间，你会顿悟，找到自己的天赋所在。

2. 定义你的目标受众

接下来，你需要定义你的目标受众。你需要找到一个细分领域，了解你目标受众的需求和痛点，为他们提供有价值的解决方案。然后针对他们的需求，定制你的品牌和服务。

3. 讲好你的品牌故事

以你的天赋为基础，构建一个引人入胜的品牌故事。通过故事，讲述你的经历、成就和独特之处，让人们被你的品牌故事所吸引，并引发共鸣。记住，要用生动幽默的语言，让你的故事充满趣味和情感，这样才能深入人心。

4. 建立线上和线下渠道

建立线上和线下的渠道。你需要利用各种渠道，展示你的专业知识和个人特质。社交媒体、个人网站、行业演讲，都是你展示自己的舞台。通过这些渠道，让更多的人了解你的品牌故事，增强你的品牌影响力。

成功从来不是偶然的，更不是等待着你的命运。你的天赋、你的品牌，就在你的手中，让它们共同织就一段精彩绝伦的财富故事吧！

Part 2

第二部分 专业财富力

个人IP篇：

从0到1创建个人IP

徐晓燕：点亮人生，共创辉煌

> 穿越恐惧最好的方法，就是直面它！

晓燕，来自佛山，是心理学创富领域的教练。她的旅程，从外贸跟单起步，再到独立创业，每一步都踏实而坚定。

跨界进入互联网，她凭借对学习的热爱与不懈追求，短短时间内便实现了从0到6位数的飞跃。如今，她以心理学为纽带，带领团队共同进步，立志成为点亮人生之路的明灯。

晓燕坚信，每个人都有属于自己的光芒。她愿与你一同，点亮自己，照亮他人，共同迈向更加辉煌的未来！

2007 年，我大学毕业后，就开始从事国际贸易行业的工作。当时我负债毕业，大学学费是我贷款交上的，毕业的时候，还背负着贷款。当时我的工资是 2300 元 / 月。我向老板借了钱，先把贷款还上，每个月再还老板 2000 元，剩下 300 元作为生活费，过着极其俭朴的生活。

2011 年，我有了自己的第一套房子。2013 年，我开始自己做外贸。

通过做国际贸易，我满足了自己基本的物质需求，衣食无忧了，但是内心总有一种缺失感。我常常问自己，到底想要活出什么样的人生？我这辈子要怎么过？人生的意义到底是什么？尤其在我生完孩子后，我非常渴望找到这些问题的答案。

对成长的渴望，以及对自我实现的渴望，让我开始不断地去探索和学习。

◆ 从传统行业跨界做知识付费和个人 IP

小学三年级的时候，我有一个梦想，将来要成为一名教师。可是我向往自由，不愿意成为体制内的教师，即使从师范学校毕业，也没选择当老师，而是去做了外贸。但是这个年幼时的梦想仿佛一直存在，没有离开。

在我有了孩子以后，因为要教育小孩，这个梦想又开始启动了，我对教育这件事情产生了兴趣。我觉得教育对一个孩子来说太重要了。我在心里立下了一个目标——退休以后要走上讲台，给人讲课授业。

意念的力量很强大，我没想到这颗种子能如此快速地开花、结果。我本来计划10年后开启教育事业，但有一句话让这颗种子提前破土而出。

让这颗种子快速破土而出的这句话，出自一位非常知名的老师，他说：买房不如做账号，个人IP将来是比房子更重要的资产。

我追求心灵的成长，也很喜欢商业。著名的稻盛和夫先生、《能断金刚》的作者麦克格西老师，都是我敬佩的榜样。

因此，当我听到这句话的时候，我一下子被击中了。灵感来了：我可以通过打造个人IP，进军教育行业。

当一个很优秀的人告诉我，个人IP是一种比房子还重要的资产时，我觉得我应该试一下，试了也不亏。我的行动力马上被激发了。于是，我一头扎进了个人IP的打造里。

当你有了一个灵感，你要立即行动，不要想那么多。

只要你稍微一犹豫，你的灵感走了，你的动力就消失了，于是你想做的事情，就一直没有做。只要方向正确，有了灵感，就要马上行动。

◆ 转型的过程

作为传统国际贸易的从业者，自媒体对我来说是完全陌生的领域。没经验，没人脉，没资源，什么都没有，只有一腔热血。

但是，无论怎样，先进入这个圈子再说。当时视频号刚刚开始兴起，有位老师很懂抓风口，在视频号做直播，我看到他有一门叫"视频号商业大课"的课程，就立马报了名。

我还清楚地记得，当时的我很懵，不清晰自己要做什么赛道，也说不清楚具体想干什么、怎么干。当老师问，你的微信通讯录里有多少人，我说1000人时，老师忍不住笑了，说：只有1000人，你怎么做生意？

这位老师经验丰富，轻而易举就把我看透了。在线下学习现场的问答环节，无论我怎么举手，他都仿佛看不见，点其他同学回答，就是不点我。事实上，他是对的，因为这时候我自己是完全迷糊的，根本问不出好问题。

所以，大家可以看到，从国际贸易跨界到知识付费领域时，我的起点到底有多低。

说实话，这次的课，我没有吸收到多少知识，不是因为老师不好，而是因为我完全没有基础，吸收不了。但是我收获了行动的勇气并且进入这个圈子，接下来就接触到了不同的老师。一环扣一环，环环相扣，直到我遇到了一位合适的教练，才真正踏上了我的个人IP之路。

◆ 素人也能启动个人IP

咨询是个人IP最好的入口。

我报了课以后，教练给我打了一个电话，她问我："晓燕，你有什么可以做咨询的？咨询是个人IP最好的入口。"

当时的我思索了很久。虽然我学过教练技术，但是并没有掌握系统的咨询流程。

教练说咨询是个人 IP 最好的入口，于是我想，为什么不试一下呢？为什么不试一下"财富幸福力教练"课程呢？课程又不贵，损失有限，而收获可能是开启自己的个人 IP 之路。

经过学习，我才知道，这是人人都需要学习的一门课程。我们可以看到自己和父母的关系、和自我的关系、和伴侣的关系，它是一根超级杠杆，可以撬动我们和整个世界的关系。其实，获得金钱只是一个结果，而结果是由一个庞大的体系决定的。

你想不想知道，如果想获得财富，要过的第一关是什么关？

那就是和父母的关系这一关。在财富的世界里，你和妈妈的关系代表你和金钱的关系，你和爸爸的关系代表你和事业的关系。父母是我们生命的源头。如果你排斥你父母中的任何一方，你都在排斥你生命的能量。所以，和父母的关系对我们的财富影响很大。

我和爸爸的关系还不错，但我和母亲的关系不好。从小到大，我们在一起就会吵架，发生各种冲突。

没想到，通过学习，我修复了长久以来和母亲疏离的关系。我曾经想了很多办法，上过其他的一些课程，学了很多方法，但都没有解决问题。而这门课程神奇地帮我解决了。

2022 年 12 月 16 日，我给我的第一个来访者做了个案咨询。这个来访者对自己的母亲很怨恨。做完这个个案，第二天早晨起床，我想起我的母亲，内心无比柔软和感恩。通过一次一次地为别人做个案咨询，我和母亲的关系越来越好了。

为什么会这样？因为你每为别人做一次咨询，就相当于把方案在自己身上做一遍。当我疗愈别人的时候，我把自己也疗愈了。

对财富影响极大的另一个因素是和自我的关系。

一个人价值感低、配得感低，即使付出很多努力，也总会觉得做什么都特别难。

当我意识到，原来我的低配得感让我在事业上阻力重重，我必须提升自己的配得感时，我就遇到了这个课程，它交给我高效好用的工具，让我能落实到实践中，去改善和自我的关系。

没想到的是，我的夫妻关系也神奇地好了起来。我的先生是一个不善于表达情感的人，从来不表扬我。有一天，他跟着我看个案咨询，突然对我说："你知道吗？你有一个非常大的优点……"我震惊了，天啊，和他在一起 12 年，这是他第一次表扬我。

更没想到的是，真的如教练所说，咨询是个人 IP 最好的入口。

一个人有深深的匮乏感，赚多少钱都觉得不够，是和金钱关系不好的典型表现。

一个人守不住钱，拿到钱就花掉，也是和金钱关系不好的表现。

一个人不敢收钱，不好意思谈钱，有深深的不配得感，更是和金钱关系不好的表现。

有时，我们很难开口谈钱。能去了解金钱关系、刻意改善金钱关系的，是极少数人。大家知道吗？那些拥有很多财富的人，都是刻意或者在无意中，做了符合财富运行法则的事情。

💎 成为咨询师，启动个人 IP

我看到了金钱关系课程的巨大价值，非常愿意通过咨询去帮助有需要的人。学完课程，我就马上开始做咨询了。

在这之前，我从来没有想过自己会成为一名咨询师。然而，人生的路就是这样，很多时候不是设计出来的，只是走着走着，就走出来了。

人生的路，每一步都算数，每一步都决定了下一步，没有第一步，就不会有第二步。

对于一个刚入行的人而言，你什么产品都没有，也不是某个领域里的专业人士，没有系统的内容可以用来输出，咨询真的是最好的入口。通过咨询，你真实地和用户产生交集，而心理学方面的咨询产生的信任感就更强了，都是心对心的沟通。

学完课程，我就开始做咨询，做了 20 个个案后，就开始带私教。私教做得好，学员又给我转介绍。同时，我带人冥想、读书、讲课。

在这之前，我一直都在付费，从来没收过钱。直到我成为咨询师，开始和用户产生真实的接触，才有了从 0 到 1 的突破。就这样，我开始走上从付费到收钱的旅程，从此从消费者变成了生产者，从输入者变成了输出者，真正启动了个人 IP。

为什么会这么快速和顺利？很多人学习心理学，花了几十万元，可能都不敢开始做咨询，不敢去收费。为什么我学习 33 天就可以成为一个专业的咨询师？后来我想明白了，因为足够细分。

如果你眼前有一个很大的蛋糕，叫心理学，你想吃心理学这个蛋糕是很难的，因为太大了。但是你拿刀子，切下去，只取其中一小块，你就可以开始吃这块蛋糕了。

心理学里一块非常细分的蛋糕，就是处理我们和财富的关系。而且这个市场足够大，基本上每个人都需要。财富状况不好的，可以变好。财富状况已经不错的，可以更好、更幸福。比起其他心理学板块，比如治疗抑郁症，这个市场大多了。所以它是一个非常好的切入口。

如果没有心理学基础，能学习这个课程，是很幸运的，因为可以花最少的钱，取得最好的结果。如果是资深心理学学者，学习这个课程，就会像打通任督二脉，功力大升。我们有一个同学，就是一个学习心理学10多年的伙伴，她学到第二课的时候，就像打通了任督二脉，开始接连不断地做咨询，真正启动了心理学变现之路。

◆ 我可能听到了使命的召唤

有一天，我在学习老师做个案咨询。在咨询的最后，老师娓娓道来："你们是点灯人，首先你们要点亮自己的灯，如果有能力，也要为别人点灯。"

那一刻，一股热流涌上心头，眼泪在我的眼眶里打转。我也不知道自己为什么会如此触动！我仿佛看见自己在黑暗里点灯前行，然而内心笃定、和平、喜悦，同时照亮了身边很多人。

小学三年级时的那个梦想又在发芽、成长，它仿佛在说："晓燕，你就是要去做教育工作的，这是你人生必须要做的事情。"

如果人生有使命，我的也许就在教育里。至此，我不知不觉在教育事业上跨了大大的一步，这是我出发的时候没有想到的。

◆ 从 0 到 1 创建个人 IP

2022 年 11 月，我学习一个私教课时，老师让我们写目标。

当时我写下一个目标：3 个月赚到 1 万元。我写下这个目标后，心中无比惶恐，一片迷惘，因为我不知道用什么方法赚到这 1 万元。当时的我甚至不知道如何在互联网上赚到 1 元钱。1 万元对我来说，是一个不可思议的大目标。

然而，没想到，短短几个月时间，我的收入就达到了数万元！

这样从 0 到 1 的突破，其实是有方法可寻的。

第一，从咨询做起，以教代学，启动个人 IP。

如果你是素人，就从咨询做起，咨询是锻炼一个人最快的方式。

一定要从一个学习者，变成一个输出者，以教代学。很多人一直在学，从来不教。结果就是一直在付费，自己却没有产品。一定要从消费者，转换为生产者。一边学，一边教。这是成长最快的方式。

以教代学，成长一年顶十年。

第二，穿越营销卡点，和财富做朋友。

纳瓦尔说，如果一个人同时拥有销售和构建的能力，将势不可挡。想要做好个人 IP，"会卖"特别重要。商业的尽头是销售。

个人IP不是打造出来的，而是卖出来的。

我以前是不敢卖东西的，从来不敢在朋友圈发广告。第一条广告发出后，我惴惴不安，很害怕别人的眼光。

但是后来，我知道卖的重要性了。有了产品以后，一定要想办法把它卖出去。如果你有很好的产品和服务，却卖不出去，那么再好的产品也不能产生价值。

在商业里，产品第一重要，客户第二重要，营销第三重要，但如果没有营销，前面两者都不重要。

只有通过不断地卖，你才能遇见那些真正的用户。无论你卖什么，甚至只是9.9元的社群名额、39.9元的快闪群名额或读书会席位，都一定要想办法多卖。卖了，你才有机会靠近真实的用户。卖了，你才知道谁是你的用户。卖了，你才知道你的用户最需要什么。卖了，你才知道你的用户喜欢你的什么。

如果做个人IP不去卖，就像士兵一直在练习，从来不上战场。只有久经沙场的士兵，才可能成为将军。

如果你既懂上课，又懂卖，你就会很厉害！

在卖的过程中，一定要戒除"玻璃心"。不要成为别人的判断题，请你成为自己的选择题。

每一个产品都有特定的用户，你只需要把产品卖给对的人，而不是要卖给每一个人。

通过大胆地卖、大范围地卖，筛选对的人来到你的身边，和一群对的人在一起，做一件志同道合的事情，这是一件多么美好的事情。

第三，有了灵感就行动，想到就去做，不要多想。不要想着要做到多完美。先完成，再完美。

在做个人IP的这条路上，我们还没有到拼天赋的地步，我们只需要拼执行力。无论内在发生了什么，外在都不要停。一个人要创业，最难的不是技术，最难的是穿越恐惧。你在做一件全新的事情，会恐惧很正常，不要因为恐惧而终止了脚步。允许恐惧存在，带着恐惧前行。穿越恐惧最好的方法，就是直面它！

第四，做个人IP一定要前端和后端相辅相成，形成产品闭环。

我摸索了一年半，总结出一条非常重要的经验：一定要尽快形成闭环，让小飞轮正向转起来。

为什么很多人的个人IP越做越艰难？每天写公众号，阅读量也寥寥无几；报了很多课，却从来没有发展成赚钱的技能；一直在学习，一直在付费，一直摸索，却从来没有变现；一直死磕，越来越没信心。因为要完全靠自己去开创一条道路是很不容易的，同时，长时间得不到正向反馈，人是很容易产生挫败感的，然后慢慢就会淡出这条路。

我自己也摸索了很久，才找到一个正确的入口。做个人IP一定要前端和后端相辅相成，形成产品闭环。如果没有后端，就不要做前端。什么意思呢？比如，你想打造个人IP，于是你做了一个读书会，席位99元/人。但是你没有后续的产品了。这样，等读书会结束了，想继续跟着你学习的人就没有地方去了，相当于水流到某个地方直接断了。所以，一定要建立产品体系。

做个人IP的起步阶段，势单力薄的时候，一定要懂得借力。

没产品，借产品，没系统，借系统。

如果你没有能力打造自己的产品，就去借。

如果你没有能力打造自己的系统，就去借。

借力产品，借力系统，前端加后端，让系统正向转动起来。

💎 不要在离金矿三英尺的地方停下脚步

如果此刻你也刚刚开始打造自己的个人IP，也处在摸索的阶段，或者你一直在尝试做出自己的产品，但是久久没有做出来，请你不要放弃。

做个人IP是一件有复利效应的事情。以现在经济形势，如果去实体创业，门槛比较高，比如开个店铺、开个工厂，资金方面肯定是有门槛的。而且，风险也比较大。

创建个人IP，属于一种低风险创业，你只要有手机、有网络，就可以开始。门槛低、风险低，而且上限很高。

创建个人IP是素人弯道超车的最好机会。如果你是个普通人，没有资源，没有背景，创建个人IP就是你的机会。然而这条路属于那些能延迟满足的人、能坚持到底的人。有这么一个故事：淘金热时期，一家人挖到了一个金矿，但挖着挖着挖不到金子了，于是就放弃了，把器械卖给一个旧货商，而旧货商找来一位采掘工程师察看矿区，估算出如果再挖三英尺，就能重新找到金矿的脉络。金矿就在三英尺之下！"这条路有金矿，你们不要停下来，更不要在离金矿还有三英尺的地方停下来。"今天，我把这句话送给你！

财富思维篇:

从问题思维到资源思维的转变

申桂秀：社群运营专家，温暖赋能者

> 当从问题思维里跳出来的时候，资源思维就来了。

从汽车行业资深销售专家到自由职业的多面手，以她的才华与热忱，书写了不一样的职业生涯。在汽车行业深耕十余载，从销售顾问到总经理，她的管理与协调能力赢得了业内广泛赞誉。

如今，她作为社群运营专家，凭借出色的组织能力和沟通技巧，带领团队为超过10000名学员创造价值，助力社群蓬勃发展。她融合金钱关系、原生家庭等多元智慧，疗愈心灵，赋能成长，惠及300多名学员及来访者，为学员们提供了心灵的疗愈与成长的动力。

经常听到有人对我说:"为什么你就能想得开,我就是想不开呢?""哇,你转念太快了吧。"

以前经历过种种"不公",被批评、被打压之后的痛苦、焦虑、迷茫都发生过,每次回想起来,依然还会有印记。可是我特别感谢那段时间的经历,如果没有那些经历,我也不会像今天这样活得富足喜悦。

之前的我,在企业里工作,和大部分职业女性一样,两点一线,顾得了工作就顾不了家庭,做着一份不喜欢但为了生计不得不忍受的工作。不明白什么是热爱,不知道未来在哪里,也不清晰自己生活的意义。虽不甘心这样平庸下去,但又不知道该怎么办,日复一日,年复一年。

◆ 从问题思维到资源思维的转变

曾经,我一直以为自己很自信。但不知道从什么时候开始,在遇到评判时,我的自信就会荡然无存,陷入"我不好,我不行"的心理状态,给自己找各种问题,强化自己的问题,甚至放大自己的问题。这两年多过去了,我依然会给自己找各种问题,还练就了一双给自己找问题的眼睛,不过,这双眼睛不同于之前的眼睛,让我看到了自己的人生会有另一种可能。

当自己不开心的时候,我会觉察这份不开心是源自什么、自己想要什么,然后主动去争取;当遇到负面事件的时候,我会全面地看这件事的前因后果,看到这件事带给我的成长和改变,做出三赢的处理方案,这对我来说,影响巨大。

2023年夏季的一个雨天，我婆婆家客厅进水了。当我到达婆家，看到客厅的雨水没过脚面的时候，我的怒火腾地一下就升了起来，立马打电话给物业，让他们赶紧派人来处理。在带着愤怒清理客厅的水的时候，我突然意识到，进水这件事一定是坏事吗？我做了什么？如果运用资源思维去考虑的话，这件事能够给我什么启示和帮助呢？

当心静下来，向内看的时候，视角就完全不一样了。愤怒的情绪被平静和感恩所替代——幸好我在家，可以帮婆婆一起处理；幸好有物业彻底解决了漏雨问题；幸好我没有将愤怒传递给其他人。

这个事件给了我什么样的提醒？我又能做些什么去帮助更多人避免这样的事情发生呢？于是，我在群里建议邻居们都检查一下自家的管道，建议物业清理楼顶杂物，有问题趁早解决，帮助了好几户邻居。

当从问题思维里跳出来的时候，资源思维就来了。因为"凡事发生皆为成就，不是渡我就是助我"。

转念之力：成功创建个人IP的心得体会

我是一个喜欢"折腾"的人，"折腾"这个词一直伴随着我。我喜欢尝试新鲜事物，什么事都想去体验一下。所以，在工作生涯中，每满2年，我就想辞职，但每次一想辞职，就开始升职，这运气也真是好到爆棚！

也许就是因为爱折腾，我被现实中得不到答案的问题困扰了，开始从书里找答案。比如：为什么我对工作没有热爱？我活着的意义是什么？

因为找不到答案，我"裸辞"了，就在 2021 年 6 月的最后一天，那天是我 37 岁生日。

辞职后我大量阅读各种书籍，但读着读着，我又迷茫了——我还是要生活的，怎么变现成了一个现实的问题。这时，一个看似不切实际的想法冒了出来：我要不上班，也能赚钱！

在这之前，我从来没有想过自己还可以通过知识变现，总觉得那是很厉害的人才可以做到的事情，对我来说是可望不可即的，但今天的我做到了。在寻找自我、做个人 IP 的路上，我有几点体会，与君共勉。

1. 从迷茫到坚定：积极面对挑战

在刚开始尝试创建个人 IP 时，我如同一只迷失在茫茫大海中的小船，不知道前进的方向。面对未知的市场和竞争，我时常感到迷茫和不安，担心自己的努力无法得到回报。那段时间，我陷入了深深的焦虑之中，甚至开始怀疑自己的能力和价值。

然而，正是在这个时候，我意识到了消极情绪对我的负面影响。我明白，如果我一直沉浸在迷茫和焦虑中，那么我将无法迈出前进的脚步。于是，我开始转念，从迷茫中走出，积极面对挑战。

我开始反思自己的目标和信念，重新审视自己的能力和优势。我告诉自己，每个人都有自己的独特之处和价值，只要我坚持努力、不断学习和成长，就一定能够打造出属于自己的个人 IP。这种坚定的信念让我找回了前进的动力和方向。

在这个过程中，我遇到了心理学创富系统，不断学习新知识、新技能。我参加了各种线上线下的培训课程和讲座，与同行交流经验和心得。通过不断学习和实践，我逐渐找到了自己的定位和方向，并开始尝试在社交媒体上发布自己的内容。虽然起初的关注度并不高，但我没有放弃，而是继续坚持和努力。

2. 从自我怀疑到自我肯定：挖掘内在价值

在创建个人IP的过程中，我时常会陷入自我怀疑的困境。我担心自己的内容不够优秀、不够有特色，无法吸引粉丝的关注。每当看到其他成功的个人IP时，我都会不由自主地产生自卑和羡慕的情绪。

然而，我深知这种自我怀疑只会削弱我的自信心和创造力。于是，我开始转念，从自我怀疑中走出，积极挖掘自己的内在价值。

我开始反思自己的优势和特长，思考如何将这些特质融入我的内容。我尝试从自己的经历、感悟和观点出发，创作出有深度、有温度的内容。我不断尝试新的创作方式和风格，希望能够找到最适合自己的表达方式。

在这个过程中，我逐渐找到了自己的风格和特色，并开始吸引越来越多的粉丝。他们的支持和鼓励让我更加自信和坚定地走在创建个人IP的道路上。同时，我也意识到自己的价值不仅在于外在的成就和认可，更在于内在的成长和进步。我开始更加关注自己内心的需求和感受，努力成为更好的自己。

3. 从消极情绪到积极能量：传递正能量

在创建个人IP的过程中，我意识到自己的情绪和态度会直接影响我的创作和粉丝的反馈。因此，我开始转念，从消极情绪中走出，积极传递正能量。

我开始关注自己的情绪变化，及时调整自己的心态。当我遇到挫折和困难时，我会告诉自己要坚强、要勇敢；当我取得一些成就时，我会感激自己的努力并继续保持谦虚和进取的态度。这种积极的心态不仅让我更加自信和坚定地走在创作之路上，也让我能够向粉丝传递更多的正能量和积极信息。

我尝试在我的内容中注入正能量和积极元素。无论是分享生活点滴，还是探讨社会热点话题，我都会努力以积极、乐观的态度去面对和解读。我希望我的内容能够给粉丝带来一些启示和帮助，让他们在面对困难和挑战时能够保持积极的心态和信心。

4. 从停滞不前到持续成长：不断超越自我

在创建个人 IP 的过程中，我意识到，只有不断学习和成长，才能保持自己的竞争力和吸引力。因此，我开始转念，从停滞不前中走出，不断追求自我超越和成长。

我始终保持开放的心态和学习的精神，参加各种线上线下的培训和交流活动，与同行交流经验和心得。这种持续学习和成长的态度让我能够不断推出高质量的内容和产品。

除了学习和交流，我还注重实践和反思。我会定期回顾自己的创作过程和成果，总结经验教训，并思考如何改进和提升。这种反思和自省的精神让我能够不断发现自己的不足之处，并努力改进，让自己不断进步和成长。

在这个过程中，我也意识到，持续成长不仅是为了保持竞争力和吸引力，更是为了让自己成为更好的人。我努力提升自己的综合素质和能力，包括沟通能力、团队协作能力、创新能力，等等。

5. 总结

回顾这一路，我深感转念力量的强大。正是从迷茫到坚定、从自我怀疑到自我肯定、从消极情绪到积极能量、从停滞不前到持续成长的转变，让我不断成长。

💎 个人 IP 创建避坑指南

1. 认知与行动循环

提升认知：学习是提升认知最简单的途径，向有结果的人学习是捷径，高手的课程能够从认知思维和具体方法维度提供给你更多途径。

了解情绪：给自己的情绪打分，内观自己，以更好地理解情绪状态。

学习转念：比如改变语言习惯、改变看待问题的思维习惯等。

积极复盘：对行动进行反思和总结，以进一步提升认知。

2. 多角度思考

畅想未来法：从时间角度拉长时间轴，以终为始，改变对当前情况的看法。

逆向思维：看到问题的另一面，如"人生没有苦，只有体验"，将困难视为成长的机会。

3. 心态调整

感恩瞬间改变心态：陷入负面情绪时，尝试用感恩的心态去应对，如直接回复"谢谢"。

与无常共处：理解生活中的无常，学会接受和与之共舞，而不是试图控制一切。

4. 运用吸引力法则

明白生活中的一切都是我们的思想吸引来的，通过重复思考我们想要吸引的内容来影响生活。

5. 寻找源头

在遇到困惑时，回到最初的源头，寻找需要的答案。

6. 了解心理需求

理解男性和女性不同的心理需求，如男性需要被崇拜，女性需要被陪伴，以更好地建立人际关系。

7. 培养自信

不要挑战超出自己能力太多的事情，选择最多超出自己能力范围 15% 的事情，这样更容易成功，从而培养自信。

以上技巧，可以帮助我们更好地应对生活中的各种情况，实现转念，并创造一个全新的自己。

精力管理篇：

不仅是工作技巧，更是生活艺术

刘鸣月：精力管理的践行者

> 每个人的精力都是有限的，事半功倍才能使价值最大化。

一位在人生舞台上经历过深刻挑战与转变的女性。毕业于知名高校，顺利进入世界五百强企业工作，开始了自己的职业生涯。然而，人生的道路并不总是一帆风顺。在经历了个人的低谷后，她决心改变自己的生活方式，开始专注于精力管理，希望能在繁忙的育儿与工作间找到平衡。

从产后抑郁、婚姻变故的至暗时刻中走出，她如今已帮助5000多名书友通过阅读改变生活、助力1500多名女性走出生活困顿。她深知时间的宝贵，尤其是对于那些肩负着家庭与工作双重责任的现代女性而言。因此，她选择了"精力管理"作为自己分享的核心内容，希望能帮助更多人实现工作与生活的和谐统一。

从经历产后抑郁、婚姻变故的至暗时刻，到帮助 5000 多名书友通过阅读改变生活，帮助 1500 多名女性走出生活的困顿，并不是一路顺风顺水就能实现的，我有太多想和大家分享的内容。为什么要选取"精力管理"这个主题？因为对于大多数人来说，每分每秒都太珍贵了！

我是一位单亲妈妈，是在孩子不到 1 岁的时候离婚的。已经有孩子的朋友应该能够体会到，有了孩子之后，时间都不是自己的了！尤其在孩子 3 岁上幼儿园之前，是一定需要有个成年人照顾的。那个时候我需要上班，我的父母还没有退休，我们三个人就像接力赛一样照顾我的孩子，每一分每一秒都卡得死死的。

即使这样，我也必须工作，我希望给我的小孩更好的生活。

就是在这样的状态下，我深刻地体会到时间管理的重要性，后来才明白，更准确地说应该是精力管理！

我需要既能有时间陪孩子又能赚钱的工作，所以我走上了个人 IP 打造之路。

看书、学习，寻找出路！我一直在学习各种课程，一直在为知识付费，持续了 3 年多，感觉不太对劲——我学习是为了有更多挣钱的可能性，而不是一直花钱。

意识到之后，我便开始摸索，如何用我所学到的知识来变现，兜兜转转总算是走进了知识付费的圈子，开始有营收了，但每个月多个一两千元，却需要付出很多的时间，缺失了陪伴孩子的时间。这也不对呀，这和我的初衷相违背了，我是想挣钱，但挣钱是为了孩子，这样的付出和收获并不成正比。

从 2018 年到 2022 年，4 年的时间我一直处在被动的状态。

我在接触知识付费、接触社群之后，在千聊、喜马拉雅都上架了我的作品，但变现效果很不理想。作为一个单亲妈妈，陪伴孩子和赚钱都是我必须做的事情。看不到价值反馈的事，我又能坚持多久呢？

每个人的精力都是有限的，事半功倍才能使价值最大化。

选择比努力更重要！不是每天四五点就起床，熬到半夜才休息，才能取得成果，而是要找到自己的天赋热爱，轻松赚钱，凡是累都不对！

◆ 精力管理：成功之钥

我们都向往着有一份自己喜欢的工作——这份工作是我热爱的，我每天都激情满满，满怀幸福感去做这件事。然而理想与现实之间有巨大的鸿沟，不是每个人都那么幸运，可以找到一份这样的工作，或者说，没有那么多人可以把自己的热爱变成工作。

但是，我觉得，我们处在网络十分发达的时代，每一个人其实都有机会去做自己热爱的事情。知识付费的时代，我们可以不受地域的束缚，想学习什么、想做什么，借助网络都可以完成。

当然，这也是一个快节奏的时代，我们每个人都像是在与时间赛跑。然而，时间对每个人来说都是公平的，关键在于我们如何使用它。

在这个时代，有很多机会，抓住机会很重要，有精力把机会运用好同样重要！

精力管理，作为一种新兴的生活艺术，已经成为个人IP成功的关键因素之一。它不仅关系到时间的分配，更关系到如何高效、有目的地使用我们有限的精力。

◆ 认识精力的宝贵

精力管理是个人IP创建中至关重要的一环，它关乎着创作者的持续创作能力和热情。认识到精力管理的重要性，就要合理分配时间和精力，有效地调配资源，以应对创作过程中的挑战和压力。

"精力如同金钱，懂得投资与储蓄，方能成就非凡。"

精力是我们最宝贵的资源之一，它比时间更为根本。时间一去不复返，但精力却可以通过恰当的管理得到恢复和增长。在个人IP的创建过程中，认识到精力的宝贵是第一步。我们必须意识到，每一次分心、每一次拖延，都是对精力的无谓消耗。

这就需要清晰地知道自己的目标是什么，需要做到哪些，或者需要具备哪些能力、借力哪些资源。可以画一个饼状图，然后做一个切分，中心点，就是圆心，作为0分点，圆的直径是10分，看看在不同的能力维度，可以给自己打多少分，看看自己哪一项的分数是最低的，那这项能力就是亟待提升的。

我们必须像对待金钱一样对待我们的精力，合理规划，精心投资。

◆ 合理利用精力

有了对精力价值的认识,接下来就是制订策略。

要做好精力管理,需要制订合理的工作计划和目标,还要充分利用好休息时间,适时放松身心,保持工作和生活的平衡。同时,也要注意饮食和运动,保持身体健康,提升工作效率和创作能力。这些,相信大家多多少少都听说过。

接下来我要给大家分享点不一样的,是个人实践得来的经验。

前文提到了,在这个时代,大家是有很多机会去做自己热爱的事情的。那么,在有限的时间中,如何将精力更为合理地利用起来呢?一定是做更为关键的、重要的、核心的事情。

我认为,关键的点在于是否找到了自己的天赋热爱,是否在做适合自己的事情。要避免兜兜转转、跌跌撞撞做无用功。

"策略是智者的游戏,精力管理是智者的棋局。"

精力管理包括了解个人的精力高峰期、合理安排工作和休息时间,以及学会说"不"。

每个人的生物钟不同,有的人早上精力充沛,有的人则是"夜猫子"。找到自己的高效时间段,并在那时安排最重要的任务,这是提高工作效率的关键。

比如,我比较擅长创新、运营,并且拥有较强的行动力,总是忙忙碌碌停不下来,这是属于我的健康状态;同时,我的自我成长方式是探索,好奇心重、欲望强,促使我不断尝试;我具有内在的传播使命感,所以我做起这类工作并不累,也很喜欢做。

同时，适时的休息和放松也是保持精力充沛的必要条件。

此外，要学会拒绝那些无关紧要的请求，保护你的精力不被琐碎事务消耗。同样是正确的事，不是每一件都要做，而要选择符合自己计划和目标的事情。就像谈恋爱，是所有好人都可以做男朋友吗？一定不是的。面对烦杂的事项，我们也需要告诉它："你是好人，但我们不合适！"

💎 持续的精力投资

精力管理不仅是一种工作技巧，更是一种生活态度。在个人 IP 创作过程中，精力管理要贯穿始终，与创作过程相融合。只有做好精力管理，才能有持续的创作动力和激情，实现个人 IP 的成功。

"持续的自我投资，是个人 IP 成长的不竭动力。"

成功的个人 IP 不是一朝一夕的成果，它需要持续的精力投入。

这包括不断学习新知识、技能，以及对个人品牌的精心打造和维护。此外还不能忽视身心健康的重要性。定期锻炼、饮食健康、睡眠充足，这些都是对精力的长期投资。

除此之外，还有什么是影响我们是否可以持续的因素？

如果做一件事情，做得尽心尽力，却始终没有走近自己的目标，精神和物质上都没有得到正向回馈，久而久之，不仅浪费了自己的时间、机会，也会让自己产生挫败感，甚至自我怀疑："为什么我学了那么多，还是没有用！为什么我投入了那么多时间，却没有成果！"

这种想法出现后，自己还能坚持多久？

所以，一定不要避讳谈"收益"，无论是认知提升、思维扩展，还是有金钱上的收获，一定要让自己看到自己的价值，这是持续动力的来源！

记住，精力管理不是一场短跑，而是一场马拉松，需要我们持之以恒的努力和智慧。

◆ 个人 IP 创建避坑指南

在工作和家庭责任之间找到平衡，需要有效的精力管理技巧来确保两边都能得到适当的关注和满足。

以下是一些实用的精力管理技巧，可以帮助你在这两方面实现更好的平衡。

1. 忌无计划

佘荣荣导师在《和财富做朋友》一书中告诉我们，没有计划，就是在计划失败！

"目标是方向，计划是路径。"

年度/季度/月度目标：设定长期和短期目标，确保工作和家庭责任都得到考虑。

周计划：每周初规划好一周的活动，包括工作任务和家庭活动。

日计划：每天早上或前一晚制订详细计划，确保时间分配合理。对每个事项设定提醒和截止日期会更加高效。

2. 忌无效率

"时间块是效率的砖石，构建起有序的日常生活。"

每天早上或前一晚，花时间规划当天或第二天的日程和任务。

将类似的工作任务集中在一起，减少切换任务时的时间和精力损耗。

为家庭活动和个人时间设定专属的时间块，比如孩子的学校活动、家庭聚会等。

3. 忌无顺序

"优先级是决策的标尺，衡量任务的重要性和紧迫性。"

使用像艾森豪威尔矩阵这样的工具来确定任务的优先级。

每天处理最重要的任务，避免拖延。

一次专注于一个任务，直到完成，以提高工作质量和效率。"专注是效率的催化剂，多任务处理是时间的窃贼。"

对家庭活动和个人时间也保持专注，避免工作干扰。

相比待办清单，你更需要一个"成功清单"，上面所有的内容都围绕着你的终极目标！

待办清单上靠前的事项不过是你先想到的，想到哪件逐一列上去，但是并不具备成功导向！也就是说，待办清单上的事项对于我们个人成长、取得成果并不都有直接作用。要分辨清楚，哪些事情是真的重要的，而哪些事情只是让我们看起来很努力而已。

成功人士处理事务的方法与普通人的区别，关键在于是否能够抓住重点！

4. 忌无拒绝

"说'不'是保护自己时间和能量的盾牌。"

认识到自己的时间和精力是有限的，学会拒绝那些不重要或不紧急的请求。

在必要时寻求帮助，无论是在工作中还是在家庭中。

5. 忌无工具

"技术是精力管理的助手、提高效率的加速器。"

使用日历应用、成功事项列表和项目管理工具来跟踪任务和安排。

利用提醒功能确保不会错过任何重要的工作或家庭事件。

使用标签和分类功能来区分不同类型的任务和活动，如工作、家庭、个人成长等。

这样可以帮助你快速找到相关任务，同时也便于你评估在不同领域的时间和精力投入。

需要注意的是，要避免在日历和事项列表中添加过多不必要的信息，以免造成混乱。保持任务描述简洁明了，便于理解和执行。

使用这些工具是为了帮助你更好地组织生活和提高效率，而不是为了增加你的负担。

6. 忌无反思

"反思是进步的阶梯,帮助我们不断优化精力的使用。"

定期更新你的日历和事项列表,确保所有信息都是最新的。

根据反馈调整计划和策略,以更好地适应工作和家庭的变化。

每周或每月回顾你的日程和任务完成情况,评估哪些方法有效、哪些需要改进。

综上,便可以更有效地在工作和家庭责任之间找到平衡,确保两者都能得到充分的关注和满足。

精力管理是一个持续的过程,需要不断地实践和调整,以适应不断变化的需求,找到适合自己的方法并持续优化是关键。

行动篇：

行之愈笃，则知之益明

吴宁艳：专注一线，心理学领域的实践者

> 现在选一件你一直想要做的事情，立刻就去行动，你会感谢今天选择行动起来的你！

心理学与教育领域的深耕者。自 2016 年起，她踏上心理学与教育学的学习之旅，连续数年不断深造，获得了多项专业资格认证，包括国际认证高级家庭教育指导师、儿童心理咨询师等。

从育儿、儿童教育到家庭关系，她始终坚守一线，将所学理论知识与实际工作紧密结合，为众多需求者提供专业、温暖的咨询帮助。2023—2024 年，提供咨询 91 次，帮助 80 多个家庭重回幸福空间。2023 年，她正式开启心理学创业之路，以专业、用心，为更多人带去心灵的慰藉与成长的力量。

在开始和你分享如何行动之前，请你先问问自己："我为什么要行动？"

如果你已经知道为什么要行动了，可为什么就是无法行动？为什么过去的你行动了一段时间就停滞了呢？或者是在行动与不行动间徘徊？

这不怪你，或许我们可以先来了解一下我们的大脑。

大脑是喜欢"偷懒"的，为了节约身体的能耗，大脑很喜欢去推演而非去行动。日本知名脑神经科学家菅原道仁通过大量研究发现，我们高估了大脑，大脑其实天生"喜欢偷懒"，喜欢"随波逐流"，同时还经不住诱惑。相较于富有创造力的持续行动，大脑更偏爱固定的自动化处理模式，也就是我们所说的一些"习惯"。

大脑的这些"偷懒"机制是源于，在远古时期，食物匮乏，我们的祖先要保存更多能量，用在保命和狩猎这些关键时刻。

了解了大脑的"偷懒"机制，我们就可以接纳一件事——不是你不想行动，也不是你的意志力薄弱，而是大脑想要节约能耗保护你，仅此而已。

大脑喜欢"偷懒"是为了保护我们，但食物充足、周身安全、不需要大脑过度保护的我们，要怎么让自己行动起来，并且让行动变得简单且有效呢？

◆ 有清晰明确的目标

这一点最为重要，所有行动开启之前，都要明确目标，而且是清晰的目标！就像船要启航，一定要有一个目的地，不然你这艘船将在茫茫大海中迷失方向。

把你清晰的目标写下来,当你写下来之后,达成的概率会大幅提升。同时,你的目标需要符合 SMART 原则,即目标必须是具体的(Specific)、可衡量的(Measurable)、可实现的(Attainable)、相关的(Relevant)、有时限的(Time-based)。

举个例子:我要通过做心理学个人品牌、专业课程输出、优质课程代理,以及个案咨询,在 2024 年 12 月 31 日之前,达成年收入 30 万元的目标。这就是一个符合 SMART 原则的目标,增加了行动的可能性,因为它足够清晰。

◆ 乐于行动,而非带着悲壮感

大学刚毕业没多久,我就和大学同学合作开了一家工作室,当时我对朋友说:"这条路是我自己选的,跪着也要走下去。"豪言壮志,多么悲壮呐!结果过了不到 5 个月,因为一个活动没有做好,甲方不但扣了我们尾款,还要起诉我们……后来我自己贴钱给伙伴们结算工资,自己选的路也没走下去。那些豪言壮志早就随着与甲方的争执和倒贴工资等事情烟消云散了。现在想想,那时候自己的行动力可强了,熬夜干活是常有的事。但,那时候的行动是悲壮的,是苦闷的,总想着证明一些什么,内心很少有欢喜之情。

而真正有效的、有结果的行动,是令人乐在其中的,是有价值感的,也是与你的价值观匹配的。

如何乐于行动?

首先,每次行动,无论达成多小的目标,都要肯定自己,为自己鼓掌或者在心里对自己说:"我是一个善于行动、乐于行动的人,我离目标又近一步啦!"给自己的每一次行动都赋予正向、积极的意义,这其实也是养成成长性思维习惯的过程。在这个过程中,心理学创富系统的"魔法清单"课程给了我很大的帮助,建议大家都学习一下。

其次,重复地行动。美国心理学家、行为主义学习理论创始人斯金纳的实验结论表明,行动是受结果影响的,结果是正向的、自己所期待的,就会更容易持续进行。比如运动,当你持续运动,身体越来越健康、轻松,心情也越来越愉悦,还意外地收获了很多欣赏和更多可能性,你就会更愿意不断去运动,这也就是乐于行动的核心。

最后,自己再想想,行动之后,目标达成的好处是什么?你身边会有哪些人因为你的行动而获益?你会慷慨地对待谁?以终为始去行动,你会更有动力。

◆ 行动即思考,而不是等想好了再行动

我经常遇到一些朋友或者来访者对我说:"我其实知道要做什么,我也知道怎么改变自己,但我觉得可能这不太行,我还需要再准备准备,再思考思考……"然后在思考中,时间就这么流逝了。

宋代思想家朱熹说过,"行之愈笃,则知之益明",想要知道和理解得更清晰,那就要去行动,通过行动去思考。你可以感受

一下，当你把脑海里构建的内容，写出来或者说出来，你会发现，你输出的内容远比你预想的多得多。通过书写、对话或者直接去行动，你的大脑会不断思考。而大脑的神经元不仅会通过主动学习来产生新的链接，更会通过你的行动、你的眼耳鼻舌身意，全方位地去刺激神经元产生或者加深链接。当你行动的时候，你的身体和意识会被全部调动起来，为达成一件或者几件事情，去全方位地运行。

所以，不要试图用你的想法去推演你的行动，而要先行动起来。

记住，大脑有"偷懒"机制，我们要绕开这个机制。

◆ 从 3 个深蹲开始

我们常常想要行动，可就是行动不起来，或者行动一段时间就很难再进行下去了，一方面是因为大脑的"偷懒"机制，另一方面，也许是因为目标太大，或者行动点不清晰。

我们就用运动举例子。有段时间我的体重超过了 70 公斤，这对于一个身高只有 1.59 米的女性而言，确实有些不健康了……于是我决定开始我的瘦身计划。除了调整饮食，运动也是必不可少的。虽然我不排斥运动，但开启运动和长期坚持对于我来说确实是个挑战！可是，运动还是要进行的呀！怎么办呢？

那就从一天 3 个深蹲开始吧！是的，你没有看错，就是一天只做 3 个深蹲。而且我每做完，就会对自己说"我可真喜欢运动"或者"今天的运动目标达成了，哦耶"。

当我连续三四天做了3个深蹲之后，潜意识里就会想，其实运动也很简单嘛，要不明天多做几个？

就这样，我现在基本上可以做到，每天早上5点15左右起床，运动1~2小时。重要的是，我现在比当初瘦了十几斤，不仅更健康了，精神状态也更好了！

在任何事情上，我们都可以用这样的方式。把你的目标拆解成最小的可行动点，然后每天去行动，你就会发生改变！如果你想要拿到结果，令人生有所不同，那就立刻行动，从3个深蹲开始，从一页书开始，从一次主动分享开始，从一个单词开始，从一场直播开始。

所有正向的小行动叠加，就会实现你想要达成的大目标。

你缺的不是能力，而是能力感

看到这里，可能你会说："我知道我要行动，但我总觉得我不太行啊……"

如果你有这样的担心或者想法，那么你已经触及你的行动核心了！为什么这么说呢？因为当你已经把目标拆解得非常详细，却还在担心自己不行，那么唯一需要去突破的，就是你的阻碍——能力感不足！

能力和能力感不同，很多人拥有很多能力，写作能力、编程能力、教学能力等，具备做某些事情的能力。但他们不一定拥有能力感，他们不一定相信自己能做某件事。能力感，是一种主观感受，是对自我能力的一种认可和信任。

能力感源自我们做成一件事，权威人士或者我们信任的人对我们的肯定与欣赏。如果过往的你未曾获得，或者获得的比较少，没关系，你可以自己培养你的能力感！

做你跳一跳就能够达成的事情，也就是我们所说的舒适区外面一层的挑战区，有点难度，但你努努力是能达成的。

如果失败了，把失败作为学习和成长的经历，而非评判自己的理由。

回忆自己的高光时刻，记住高光时刻你的感受，并反复告诉自己，自己拥有无限的潜力，在潜意识里相信你就是拥有能力做你想要做到的事。

写成功日记，每达成一件事情，就去欣赏自己、肯定自己。当你怀疑自己的时候，拿出来大声地读一读，提升能量。

切勿陷入长期的负面情绪中，觉察到自己处在负面情绪中时，及时调整情绪，可以出去走走、晒晒太阳、和朋友聊聊天、听一些激昂的音乐、读一读正向积极的句子或文章。

记住，你才是你人生的主人，只有你才能决定自己处在什么状态，也只有你才能决定自己是否能够达成某个目标。你是自由的，你随时随地都拥有选择权。

◆ 将自己的目标可视化

在我的卧室和工作室里，各有一块 120 厘米 ×80 厘米的软木板挂在墙上，上面贴满了我想要达成的目标，或者与梦想场景相似的图片。

为什么我要这么做呢？因为潜意识最容易受图像刺激，也更容易记住图像。潜意识的力量远远大于意识，我们要善于使用潜意识的力量。

我们想要行动起来更简单高效，首先就要在潜意识层面认为这些目标是清晰可见、近在眼前的。

在这里，我也邀请你制作一块属于你的梦想板，挂在你家里随时可见的地方，这个方法可以让你的目标达成的概率大幅提升。制作过程非常简单，先确定你的目标或者梦想，然后找到和你梦想中的情景类似的图片（也可以是积极正向的文字）打印出来，贴在梦想板上，最后就是每天幻想你已经达成。就是这么简单，只要你去做，就会有效果。

前面说到我瘦身成功，也是用到了梦想板，我在板上贴了我喜欢的运动系女生的照片，展示她活力满满的样子，每次路过梦想板，看着她的样子，我就更愿意去做一会儿运动，或者注意一下饮食，这就是一种选择和潜意识的提示。

💎 畅想通过不断地行动达成目标后的画面

我几乎每天都会畅想我达成目标之后的画面，就这一个方式，就能让我在想要懈怠的时候，轻轻松松转变为想要行动的状态。这一招既简单，也实用。

首先，站在你的梦想板前，看着图片，开始幻想你已经达成某个目标，你已经拥有你想要的状态，或者你就在那个你想去的地方。然后闭上眼睛，做两三个深呼吸，开始自由冥想。此时此刻，你穿着什么颜色、什么款式的衣服？你和谁在一起？你们在说着什么？你看到了什么？你听到了什么？你闻到了什么？你摸到了什么？你感受到了什么？你品尝到什么味道，是甜的还是咸的？

当你完整地自由冥想一遍之后，先别着急睁开眼睛，深吸一口气，将这份美好的感受吸到身体里，存进你的潜意识里。

坚持冥想一个月之后，你会发现你离你的目标或者梦想越来越近，而且频频有好事发生，真的就如你在梦想板上所写的那样发生着。更重要的是，你会发现你的行动力越来越强了，当你一直在行动，你的内耗和情绪拉扯也悄然消失了。

就是这么简单、这么有效。这些都是我践行过的方法，我通过这些方法取得了我想要的结果！

接纳过往我们没有做到的事，接纳那时我们没有行动起来的事实。那都已经过去，此刻起，你可以选择为你接下来的人生负责，行动起来，带着欢喜的心，乐于行动。

绕开大脑的节能机制，激活让你兴奋的神经元，去创造更多可能。

你不主动行动，就会被生活推着走，随波逐流。试问自己，你是想自己把握人生的方向盘，还是交给他人？

如果你的答案是自己，那就主动行动起来吧！

去你想去往的地方！

现在选一件你一直想要做的事情，立刻就去行动，你会感谢今天选择行动起来的你！

◆ 附：行动指南

①明确清晰的目标；

②将目标拆解为最小行动点；

③列计划，每日完成那些行动点；

④每完成一个行动点，都欣赏和肯定自己，给自己正向积极的反馈，正向暗示有助于内在驱动力的不断提升；

⑤及时复盘，肯定自己已经做到的，再看看还有哪些需要调整的；

⑥将自己的目标可视化，贴在随时可见的地方，如办公桌、书房的墙上等；

⑦想象自己已经达成目标的样子和状态，以及会有哪些人因此受益；

⑧写成功日记。

身体篇：

打开爱与创造力的开关

李桂红：坚韧之光，从华坪走向世界 ——

> 打开了身体的开关，就打开了你的爱与创造力的开关。

24岁，初涉兽医领域，创办了属于自己的宠物诊所，书写了人生第一个辉煌的"5年计划"。此后，她不断攀登行业高峰，成为宠物医院领域的佼佼者。

35岁，求知若渴，跨界学习。从企业教练到心理学，从家庭教育到脑神经学，每一次跨界都是她对生命深度的延展和认识的升华，并且帮助她突破财富瓶颈，修复家庭与亲密关系，实现内心的平静与和谐。

她用坚韧与智慧，书写了属于自己的传奇故事，并以坚韧之光，为世界带来温暖与力量。

我来自偏远山区丽江华坪。8岁时，我因为爷爷的离世而立志成为一名脑科医生。但因家境贫困，为了早日学成归来减轻家里的负担，让弟弟也能继续上学，我读了云南省畜牧兽医学院，18岁就成了一名宠物医生。

21岁的转折，命运弄人，身体突如其来的障碍让我暂别职业生涯，右手右脚的无力感，迫使我踏上了一边打工维持生计，一边寻求康复的漫长之路。这3年间，人间百态，冷暖自知，却也让我学会了坚韧与不屈。

绝境逢生，偶遇"小白"——那只被遗弃于秋寒之中的流浪狗妈妈，它在最艰难的时刻，用母爱温暖了整个世界，也照亮了我的心灵。目睹它在凛冽寒风中守护幼崽的壮举，我深刻领悟到：生存本身即为奇迹，每一份坚持都是生命的力量。这份力量，激励我重拾梦想，决心开创属于自己的宠物医院，不仅为了治愈动物，更是为了传递生命不息、希望常在的信念。我愿以此生，陪伴每一个需要关怀的生命，直到它们健康老去，共同书写关于勇气、爱与重生的篇章。

24岁，我带着自己攒的1000元和借来的9000元，开创了自己的宠物诊所，实现了自己的第一个"5年计划"。同时，我开始边学习边创业。为了提高山区的宠物疾病治愈率，我每年都外出参加兽医大会、技能培训班。

但学习回来，我发现很多东西都用不上。要么是医院的设备跟不上，要么是有了设备，但是宠主们不愿意花钱做化验和进一步的检查，或是诊断出疾病，却因为费用问题而放弃治疗。

在诊疗中，我也遇到很多被抛弃的宠物，那些年我的诊所收养了许多被抛弃的宠物。到目前为止收养最久的一只狗已经13岁了。

每天,我把所有的精力都花在了诊所里,一边带孩子一边创业,常常忘记关注自己的身体和家人,让自己的身体状况越来越差,也导致婚姻到了破裂的边缘。

36岁,我因头晕而无法下床,并且因为子宫下垂而不能做任何跑跳的动作,颈椎、腰椎疼痛,身体状况越来越差,情绪也越来越不好,身心俱疲。于是,我开始跨行学习企业教练、团体心理学、家庭教育、脑神经学、肌肉动力学等课程。

为了拥有更多的学习费用,我开始投资芒果园;为了给孩子们链接到更优质的教育资源,开始投资创新教育;为了能贷到更多的钱,在诊所里被顾客骗走了身上仅有的18万元。那时的我所有的投资都有出无进,陷入了绝望。

但幸运的是,我遇到了心理学创富系统,我学习了导师班,学习了"商业思维与心法",再次找到了我的人生目标,也找到了适合自己身体的运动方法,坚持每天5点起床,练习逆龄呼吸,两年时间让自己的身体疼痛和气血问题得到改善,身形、皮肤和容貌都发生了变化,从而实现了从内到外的改变,让自己真正实现了身心健康、学习自由的目标。

做宠物医生22年,我见过无数的生命因为疾病或意外而离开,也挽救了无数的生命,常常感叹生命的无常与生命力的顽强。

曾经,流浪狗小白挽救了我的生命,激发了我的梦想,我愿意用一生来陪伴更多的宠物健康成长,愿意用我的生命智慧启发更多人的生命智慧。

◆ 打开了身体的开关，就打开了你的爱与创造力的开关

1. 身体与财富

大脑只能想，一切行动都得靠身体来完成，关注你的身体，就等于关注你的财富。

身体就是那一串数字中的1，拥有1就拥有选择能力，就什么都能拥有。

没有了1，一切都等于0。

身体的健康才是你人生中最大的一笔财富，身体好，你的一切关系都会慢慢地改善。

特别是时常被情绪困扰的伙伴，一定要去做关于身体的功课，从今天开始，好好地爱身体。

打开了身体的开关，就打开了创造力的开关。好的身体是人生路上最大的资本。

2. 做自己身体的医生

做自己身体的医生，做自己灵魂的疗愈师，做自己心灵的引导师。

你是否觉得你的身体每天都能保持精力充沛？

你的身体是否能感受到你每时每刻都是喜悦的？

你是否时常有拖延症？

身体不会撒谎，它的反应速度虽然没有大脑快，但它是最智

慧的，它知道你内心真正的需要。拖延症就是，大脑觉得好，而身体感受到压力，不愿意行动。

请不要轻易评判身体，如果你想要爱，通过你的身体可以得到，你想要的柔软和女性的能量，通过身体都可以轻易实现。通过身体，我们会更清晰地知道自己是谁、想要什么，能够化解内在的创伤和卡点。

现代人许多的疾病都来自对身体的过度索取和损耗。

在这个世界上，除了你自己，没有人知道你的身体需要什么。学会与身体链接，学会尊重身体，去看见它和爱它。请不要把你的健康重任交给别人，要对自己的身体负百分之百的责任。

在这个世界上，没有比身体更诚实的了。与身体链接，找到内在的那份稳定的力量和智慧。

你的身体感觉好，你每天才能感受到精力充沛，感受到喜悦轻松，同时，你的行动力也会慢慢变强。

3. 与身体对话，感受身体的爱

你有容貌焦虑吗？

你嫌弃自己的身体吗？

与身体对话让我体会到什么是无条件的爱，并感受那份本自具足的爱。无论我们是什么样子，无论我们做到了什么，或是没有做到什么，无论别人怎么评判我们，无论我们多么嫌弃我们自己，身体都无时无刻不在爱着我们。即使我们总是嫌弃它、评判它、苛责它，即使它生病了，只要我们的大脑想到要去干什么，它即使有疲惫、有疼痛，都愿意陪伴我们做想做的事，除非有一天它真的无法运行。

身体从你出生那一刻,到你死亡那一刻,都在陪伴你,没有一个人可以像身体那样无论你开心还是难过,无论你在人生的低谷还是高光时刻,都永远在陪伴你,这份爱,就是无条件的爱。

在这个世界上,你的身体是最爱你的,它一直在陪伴你,支持你,爱着你。每天去感受身体给你的这份爱吧,只有你感受到爱,你才能拥有爱和成为爱。

你的身体知道你内心真正需要的是什么。闭上眼睛感受一下,当我们内心想到一个我们喜欢的人时,我们身体的每一个细胞都是喜悦、开心的,甚至连毛孔都是张开的,每一块肌肉都是放松的。

当我们在电梯里遇见不喜欢的人,或者陌生的人时,我们的身体会出现蜷缩状态,就连我们的毛孔都是闭合的,大脑接收到的情绪是恐惧的、害怕的、紧张的,身体是想逃离的。

大脑会有很多想法产生,让我们暂时不去关注身体的感受,而身体选择逃离,也是出于保护你而做出的它能做的最好的选择。

对于身体,你爱它也好,不爱它也好,它都依然每时每刻陪伴你。

让我们来为我们的身体做点什么吧!只要你愿意呵护它,它会发出属于它的独一无二的声音,它会告诉你它喜欢什么人、事、物,它喜欢什么运动和需要什么食物。多与身体链接,你的感受力和选择力会增强。在做重大决定时,身体会带你做出正确的选择。

无论是关系还是学习,只有你的身体喜欢、感受好,你才能坚持下去。

我能坚持练习逆龄呼吸两年，也是源于身体的选择。身体在 21 天、60 天、3 个月的刻意练习后，感受到变化和舒服，慢慢地，只要到点，我就自动起床开始练习，偶尔想偷懒时，身体会用酸胀不舒服来提醒我，它需要运动和放松了。

30 岁以前，我们的身体和容貌是父母给的，30 岁以后，我们的身体和容貌是自己给的。要想改变我们自己，从身体开始，身体改变，你的信念也会改变。

4. 拜身体为师

身体是我们的老师，教会我们如何接纳自己、爱自己，当你学会爱自己后，你也就学会了怎么爱别人。

在这个世界上，唯有身体才是陪伴我们最久的，它会教我们怎么陪伴自己和他人。

身体教我们要维护好边界，身体之外 1 米以内都是我们的边界，保护好边界，就是保护好了自己。

身体教会我们如何做选择，身体只会选择适合它的，而不会用利益关系来计算一切。

身体作为我们的老师，以其独特的方式向我们传递着无尽的知识与智慧。

身体是我们的感知器官，它带我们感知世界，通过触觉、味觉、嗅觉、视觉和听觉，我们得以认识和理解周围的世界。身体教会我们分辨不同的物质、味道、气味、颜色和声音，从而丰富我们的感知体验。

身体带我们做情绪表达。身体的语言是情感表达的重要方式。我们的面部表情、姿势和动作都在传达着我们的情绪状态。身体教会我们如何识别他人的情感，并表达自己的喜怒哀乐。它是我们健康的晴雨表，通过疼痛、不适和疲倦等信号，提醒我们关注身体状况。这些反馈教会我们重视身体的需求，及时调整生活方式，保持健康。

身体带我们感知运动与平衡：身体的运动能力教会我们如何保持平衡、协调动作。通过体育锻炼，我们不仅可以增强身体的力量和耐力，还能增强自信心和毅力。

身体的生物钟教会我们遵循自然的生理节律，如睡眠与苏醒、饮食与排泄等。这些节律有助于维持身体的正常运转，保持身心健康。

身体带我们提升自我认知：通过关注身体的反应和感受，我们可以更深入地了解自己。身体的舒适与不适、愉悦与痛苦，都是我们认识自己、理解自己的重要途径。

身体具有强大的适应能力，能够根据不同的环境做出调整。这种适应性教会我们如何在变化的世界中保持灵活和坚强。

当身体受到伤害或遭受疾病时，它具有自我修复和恢复的能力。这种能力教会我们勇敢面对困难，相信自己的身体有强大的自愈力。

在人际交往中，身体语言常常比言语更能有效地传达信息。一个微笑、一个拥抱、一个眼神，都能传递出深深的情感和关怀。身体教会我们如何通过非言语方式与他人建立联系。

身体与心灵是相互关联的，身体的健康与舒适直接影响我们的心理状态。当身体得到妥善照顾时，我们的心灵也会更加平静和愉悦。这种身心合一的状态教会我们关注身体健康。

身体作为我们的老师，以多种方式教导我们认识世界、理解自己、与他人建立联系，并追求身心的和谐与健康。我们应该珍惜并善待自己的身体，倾听它的声音，学习它的智慧。

5. 爱身体练习作业

我们每天可以为身体做点什么？

第一，每天感恩我们的身体。感恩我们身体的每一个器官，跟它说爱它并谢谢它。感恩它每天都能醒来，让我们活着，活着就是最大的幸福。感恩身体给予我们的所有支持。

第二，做"镜子练习"。可以买露易丝·海的《镜子练习》一书，跟随书中内容做练习，或直接学习"21天镜子练习"课程，跟随音频做练习。

我做镜子练习7遍以前，完全没有感觉，那时我的大脑里总是会产生很多的想法和评判。直到7遍以后，我的身体感受到，我是真的想好好爱它，才慢慢地开始相信自己对镜子中的自己所表达的话语。因为人生的前40年，我从来没有说过爱它的话语，也没有为它做点什么，只是每天都活在忙碌中、活在评判中，不但评判别人，还不停地评判自己。说爱它时，它会怀疑，它会不相信，这太正常了，因为它太久没有被好好地关注和爱了。这么多年，身体独自承受着外界给它的一切好与不好。

要让身体感受到你对它的爱，从21天开始坚持到3个月，你的身体才会有一个很大的改变。长时间刻意练习，形成肌肉记忆后，大脑才会慢慢相信你是真的对它好，身体只有感觉到好、舒服，它才会相信，它才愿意坚持，所以早期我们需要刻意训练，一个人坚持不了时，就找一个团体，让他律带动自律。

第三，学会慢慢地吃饭，小口地喝水。每一口饭菜都细嚼慢咽，吃得太快会让你吃太多的食物进入身体，从而给身体带来负担。慢慢地吃饭不但可以让我们的口腔和胃产生更多的消化酶来消化食物，还会防止我们吃太多食物，同时让我们感受到食物的美味。

第四，找到适合身体的、喜欢的运动。别人说好的运动，不一定适合你的身体。身体会选择它觉得好的，主动权在你，通过运动好好与身体谈一场恋爱。

第五，所有好的习惯来源于生活。慢慢地上厕所，不要因为时间太紧或别人催促，而用力地解大小便。

第六，女性的生殖系统和男性的生殖系统结构是完全不同的，内脏下垂来自平时吃饭太快、吃得太多，同时盆骨不正，导致内脏器官没有在它正确的位置上。所有姿势在正位非常重要。修正行走姿势、坐姿、站姿。时刻觉察，提醒自己身体是否处在正位上。

第七，每天做10分钟冥想，让大脑静下来，让呼吸和身体做深度的链接。学会通过呼吸练习让全身肌肉放松，让身体从内到外变健康、变美丽。学会做我们身体的医生，去懂它，去看见它，而不是生病就去扎针，就去对它动刀子。你的身体是有自愈能力的，当我们遭受疾病时，请给予身体时间，去做积极的、正向的事，给身体正面的、肯定的语言，并做适合的运动，时刻去关注身体。让我们的身体与医学之间拥有一个平衡，不过度依靠医学，也不偏执地不相信医学。

第八，好好睡觉。睡眠不好的伙伴，可以选择硬一点的枕头，比如荞麦枕或书。同时，睡前做背部肌肉放松、小腿放松、颈部肌肉放松的动作。

第九，每个重要的节日，或自己做到了什么时，记得随时给自己买一份礼物，来犒赏自己、奖励自己，让自己身心愉悦。

6. 身体与疾病、疼痛

我们的身体是一个整体，简单地从内往外来看，骨头的外面是筋膜、神经、肌肉、皮下脂肪和表皮。内脏器官的健康可以影响我们的外在容貌，同时我们外在的姿势也会影响我们的内脏器官。

当我们长时间处于一个姿势时，我们的肌肉会出现紧张，神经也会出现收缩的状态，时间长了会影响骨骼正位。同时，骨骼是否在正位，也会从内到外地影响整个身体。

要想身体健康，第一步就要做到全身的气脉通。人的各种生命活动是靠大脑来指挥的，通过脊柱，通过脊腔里的神经组织来指挥。大部分的疾病、疼痛来自脊柱不正，比如弓腰驼背，颈椎疼、腰疼，也来源于我们生活中细微的习惯。当你弯腰驼背时，你的气道会变窄，脊柱里的神经会受到压迫，时间一长，自然气血循环不好，慢慢地就会有淤堵。中医说通则不痛，痛则不通，气到则血到，气到不了，血也到不了，长时间气血不通，身体细胞就处于一个缺血氧的状态。最终的结果，就是疼痛和疾病。

维护身体的健康，在日常生活中，从修正你的走路姿势、站姿、坐姿和卧姿开始，从改变吃饭喝水的习惯开始。

7. 爱要遵循平衡法则

无论是什么爱，都要遵循平衡法则，如果你没有好好爱身体，身体就会用疼痛和疾病来提醒你要爱它了。

我们与爱人之间，也要遵守平衡法则，一方付出太多，一切围绕别人，就丢失了自己。

让我们 7 分爱自己，3 分爱别人，永远把关注点回到自己的身体上。只有自己学会爱自己，别人才会来爱你，只有自己尊重自己，别人才会尊重你。

8. 身体与你的宠物

在宠物医疗行业工作了 22 年，见过和触摸过太多的宠物，也观察到很多动物的身体反应，有恐惧的，有焦虑的，有害怕胆怯的，有热情开心的，有慢热型的，有翻脸速度超级快的——上一秒还温和，下一秒就咬人。

学了脑科学课程后，我终于搞明白了一些神经反射的原理，慢慢地通过训练呼吸、训练自己的手法，让很多宠物的紧张焦虑在就诊过程中得到缓解，可以轻松地打针或是做检查。一方面减少了宠物的应激，另一方面也给看病增加了安全性和轻松感。

作为宠主或是医生，如果你紧张、害怕、担心，你的心跳、呼吸、脉搏会加快，宠物瞬间就能感受到你身体传达的所有信息，同时它也开始心跳、呼吸、脉搏加快,瞬间进入了紧张和防备状态中,有的猫可能在你触碰它的那一秒就炸毛了。

你身体越柔软、手法越轻、呼吸越深,越可以让你的宠物在陌生的环境中安静下来。你的担心帮助不了你的宠物。你越开心喜悦、越健康,你的宠物也会越健康。

9. 做自己灵魂的疗愈师

为什么我们活得很努力,但还是不快乐?

为什么很多女人总是付出那么多,却得不到爱和尊重?

我曾经觉得没有快乐的童年,没有健康的身体,没有玩耍的时间,没有得到父母的爱和陪伴,觉得自己活得很累很苦,一个人既要开店,又要独自一人照顾两个孩子,感觉自己很孤独。后来,我不断提升思维认知,让我的外貌和信念发生了巨大的变化,让我开始深深爱上了自己,爱上了我的身体。身体是我们灵魂的家,让身体配得上你高贵的灵魂。

10. 用呼吸来检测你的身体健康

老话说人活一口气,气长则寿长,气短则寿短。所以打通气道非常重要。

首先,膝盖微微弯曲,腰背挺直,舌顶上颌,用右手按住右侧鼻孔,然后使劲往头顶吸气,看你的气是否能吸到头顶。有鼻炎的伙伴会发现,你的鼻腔内有堵塞感,并且气吸不上来。用同样的方法检测你的右侧鼻孔。

其次,若是鼻腔不通的伙伴练习打通鼻腔的呼吸,你会发现你的腰会痛，颈部肌肉会特别紧张；肋骨外翻的伙伴，你会发现你的胸椎会痛；习惯收腹的伙伴，你会发现你练习呼吸都能练出腹肌；甚至站姿的着力点不对，也会导致你的脚疼痛。

最后，呼吸犹如一个自动的 X 光机，随时随地都能检测你的亚健康状态。呼吸练习，可以从站姿上修正你的身体姿势，保持正位，让你的身体在吸气时收紧，呼气时全身肌肉放松。肌肉放松之后，你紧绷的神经才会放松。呼吸练习可以让我们的内脏器官得到 6 个维度的上提，每天让我们的内脏运动起来，让身体的三大排毒器官（皮肤、肺、肝脏）加快代谢，让身体垃圾排出体外。

11. 身体与情绪

身体储存着我们过往的情绪。身体的稳定性决定了我们情绪的稳定性。

我们的身体由 40 亿～ 60 亿个拥有不同作用及功能的细胞组成，而细胞由细胞壁、细胞膜、细胞质、细胞核等组成。

细胞核里存在着让我们每个人拥有不同特征和状态的 DNA，DNA 里储存着我们祖辈留下来的所有最原始的记忆和信息。我们从出生开始，就会受周围环境的影响，再一次为我们的 DNA 信息提供了丰富的素材。

在成长过程中所有的想法、情绪，都会在不经意间储存在身体的细胞里。而这些记忆会让你产生各种情绪变化。

外在环境往往是我们某些记忆的再现，它就如一个埋藏很久的定时炸弹。如儿时经常打针的伙伴，当听见"打针"两个字，身体第一时间就会出现紧绷感,同时会有害怕的感觉产生。我们的身体会很深刻地记住这种体验和当时的情绪。

儿时父母管教我喜欢用打和吼的方式,所以每当在学校里碰到打和吼的老师,我的这一门功课就完全学不好。当这种场景出现时,我的身体会僵住,大脑一片空白,开始屏蔽一切信息进入。直到学习了心理学和脑科学后,我才开始释放我身体里的恐惧。

这些情绪被深深记在了身体里,当事情做得不够好时,就会跟疼痛和恐惧连在一起,虽然忘记了被打的感觉,但是当遇到同类场景时,身体会僵住,甚至不知道怎么表达自己。

身体储存了我们的很多情绪,别人做了一件让你生气的事,只是他触发了你身体记忆的情绪开关。我们的情绪反应是不断叠加的,所以有时一点鸡毛蒜皮的事情都会让我们发很大的火,而且控制不住。

有研究表明,我们的身体存储的70%以上的情绪,都会以攻击身体器官的方式来消化自身的困扰。有时我们的大脑中有一个想法时,就会不管身体是否愿意,直接逼迫身体去做这件事。如果成功了,就意味着我们的身体被大脑控制了,身体空间被侵犯了。而身体为了捍卫自己的空间,经常会出现懈怠和拖延的状态,你越是忽略身体的感受,你内在的矛盾就越多。

当我们内在的很多情绪卡在身体里时,就很容易形成疾病。

当我们有情绪时,我们要学会看见情绪,而不是控制它,或是分散自己的注意力。要允许它流动,去看见和拥有情绪。

每一种负面情绪背后都是一次成长的机会,都有一个礼物。

每一种情绪背后，都有一种思想和需求。

每一次生气或有激烈的情绪时，都是一个自省的机会。

当我们有情绪时，先学会觉察我们的情绪，从后知后觉，到当知当觉，再到先知先觉。无论任何时候，我们即使发了脾气，也不要去自责和评判自己。如果当下不能表达出情绪，可以写下来，做一个自我情绪疏导。

练习：自我情绪疏导

第一步，描述事件和情境。

第二步，觉察情绪，我的感受是什么？

第三步，觉察思想，我的想法是什么？

第四步，觉察需求，我的需求是什么？

第五步，觉察行动，我可以做什么？

第六步，学会感恩，我感恩什么？

情绪释放手法：

当感觉压力大或有情绪时可以自己做，让情绪得到释放。请将我们的双手，除了大拇指，其余的 4 指轻轻搭在前额上，力度不超过你闭上眼睛时手按住眼皮的力度，这样来做一个情绪释放。

情绪释放手法，可以让我们的情绪通过外在的手法链接到我们的智慧脑，从而让自己平静下来。

12. 学会放松身体

活在这个社会上，我们不缺紧张和压力，唯独缺放松。为何失眠？就缘于你没办法放松自己的肌肉、神经，没办法进入深度睡眠。要想放松，可以从神经和肌肉放松入手，两者是相辅相成的。我们可以通过腹式呼吸、听音乐、颂钵疗愈来放松我们的大脑神经，从而放松全身肌肉。我们也可以通过做肌肉松解动作和轻柔、有节律的动作，来让我们的肌肉放松，从而让神经放松。

放松我们的身体有很多种方式，有主动的，也有被动的，无论选择什么，做让你的身体感觉舒服的，就对了。

爆款篇：

引发好奇+价值塑造+解决方法

张力：创业路上的璀璨明星

> 成事者最初只有一个伟大的蓝图，和毫无根据的自信而已。

从阿曼达咖啡馆的启程，到中岳教育的蜕变，以无畏的魄力和坚韧的精神，被誉为"不锈钢女战士"，在创业路上谱写属于她的传奇。

从职场小白到销售精英，从创业小白到行业翘楚，她的每一步都充满了对梦想的执着追求。无论起点多低，她总能以惊人的速度翻转人生剧本，裸辞创业、跨行逆袭、逆境重生……她的故事是对"不可能"的响亮反驳，更是对梦想的坚定信仰。

如今，在自媒体领域，她再次展现了自己的卓越才华。小红书上的每一次分享，都闪耀着智慧与坚持的光芒，月入20万元的佳绩更是她不懈追求的见证。她用实际行动诠释了梦想的力量，用成果证明了不凡的实力。

时下，小红书已凭借内容质量高、用户黏性高、社区氛围浓厚等特点，成为越来越多自媒体博主的主攻平台。

想要打造个人 IP 的新人博主，如何打造小红书爆款，实现低粉高变现？

在这一篇里，我们一起来详细分析在小红书出爆款的秘诀和逻辑。

◆ 短视频风口

有数据统计，截至 2023 年 6 月，我国短视频用户规模达 10.26 亿人，人均单日观看短视频时长超过 2.5 小时。

用户的注意力在哪里，市场就在哪里，财富也在哪里！

过去，个人想获得曝光，渠道局限在传统广告媒介，比如报纸、电视、网站等，这对于大多数人来说可望而不可即。

感谢自媒体的崛起，让每个普通人都有"红"15 分钟的机会。可现在很多人做短视频不再是为了当网红。从刚开始的传统自媒体流量经济，发展到现在，我们已经进入了深度粉丝经济时代。

凯文·凯利说：当你有 1000 个铁杆粉丝时，以后的生活就无忧了。

作为小红书变现达人，我在小红书引流仅 100 多个粉丝，却通过线上分享会变现了 20 万元。由此可见小红书平台粉丝的巨大商业价值。

💎 做好小红书的优势

1. 自动吸引高知群体

有数据统计,目前,小红书的活跃用户中,一、二线城市的人群超过了50%,集中在北京、上海、广东、江浙地区,侧面反映出大部分小红书用户拥有较强的消费力,且属于高认知群体。

2. 粉丝付费意识强,持币待购

与其他平台不同,小红书最典型的特征之一,是它的搜索引擎功能。用户大都带着目的打开小红书,去搜索什么好玩、好吃、好用,这些对于内容创作者来说是流量洼地,蕴藏着滚滚商机。

3. 打造个人 IP,客户不请自来

只要你在小红书持续输出有价值的内容,全方位展示你的个人 IP,大数据就会自动把你推荐到目标用户面前,再依靠一整套商业闭环,使客户自动来找你。

💎 商业定位

余荣荣导师告诉我们,定位就是定江山,这句话对我影响至远。做小红书账号,千万别等到拥有 10 万粉丝的时候才去挑战月入 3 万元,而是要在拥有第 100 个粉丝的时候就开始变现。如何

精准定位，让客户自动来找你？最先需要做好的，就是商业定位。

<u>商业定位越垂直、越细分越好——你靠什么赚钱？</u>

在小红书，知识博主常见的变现方式是卖课、做咨询和培训。

想要以此变现，你需要先思考：

- 我的目标用户是谁？
- 目标用户的痛点、爱好分别是什么？
- 目标用户亟须解决的问题是什么？
- 目标用户为什么要选择向我购买？

根据用户画像，填写定位公式：我帮助_____达成_____的目标。

这一步，你需要明确，自己要以哪一套方法，帮助哪个特定群体，解决哪一个特定的问题，从而取得他们最想要的结果。

比如，作为心理学创富系统的心理咨询师，你可以是帮助 10～18 岁青少年找到天赋热爱的自信力教练；可以是帮助已婚女性，通过内观疗愈提升婚姻幸福感的情感老师。

或者，你不是心理咨询师，但你可以帮助心理咨询师通过小红书做 IP 营销，实现销售额翻番。

这样为细分人群解决特定问题，既可以避免内卷，还可以让用户更容易通过大数据找到你。

◆ 账号定位

<u>账号定位越多元越好——你靠什么被人记住？</u>

一个账号，如果一直讲垂类"干货"内容，时间久了，会难

以吸引粉丝，因为同质化内容太多了。用户更需要一个立体、有温度的 IP，而不是只会讲干货的"工具人"。

相较于干货的价值，情感的共鸣更能帮你与粉丝建立深度的链接。

如何更全面地展示你自己？可以提前整理以下基本信息：

- 梦想
- 愿景
- 特长
- 偶像
- 信念
- 价值观
- 高光 / 低谷时刻
- 喜欢的书籍 / 电影 / 运动

这些要素回答了：你是谁？你跟别人有什么不同？

同时，这部分是你熟悉且能滔滔不绝讲述的内容，可解决后续内容枯竭的问题，再结合用户的需求，从中找到两者的交集点，这就是你的账号选题库了。

刚起号时，可以先出 15～20 条所在领域的垂直内容，展示有价值的干货，好让系统给你的账号打上标签，方便为你精准推流。在这以后，你就可以逐步穿插展示以上清单的内容了。

比如，我是小红书心理学创富老师，主要分享心理学 IP 运营方法、爆款笔记生产的注意事项等干货知识，但与此同时也可以分享我的创业经历、人生使命、读过的书等，来全面展示我自己，使我在粉丝脑海中的形象更加立体，从而不断加深信任。

◆ 视频定位

视频定位越清晰越好——出视频前要清楚这条视频要达到的目的,是要涨粉还是变现?

互联网上主要有三种受众。

- 冷的受众:不清楚自己的需求,只是随便看看。
- 温的受众:清楚需求,也知道解决办法,就是不知选哪个更合适。
- 热的受众:清楚需求,知道解决方法,也知道你能帮他。

针对不同的受众,选题方向是不同的。

举例:

小 A 是"冷的受众",不知道"赚钱难"是一个金钱卡点,你就要分享金钱卡点的几个常见表现,以及对应的解决办法。

小 B 是"温的受众",知道"赚钱难"是他的金钱卡点,但关于它的解决办法有很多,他不知选哪个更合适。你可以通过介绍学员案例,加上你的专业背书、累计服务个案时长等,来描绘其他人用了你的方法以后的变化,让小 B 觉得你的方法很适合他。

小 C 是"热的受众",知道自己的金钱卡点,知道你有适合他的方法,这时,你最好能创造与他一对一沟通的机会,对他的疑虑一一进行解答,来消除他对于购买的抗拒。

需要注意的是,一个视频只能达成一个目的。所以在出视频前,你需要先思考:

- 我要针对哪个阶段的受众?

- 我要涨粉还是变现?
- 我能给用户带来什么价值?

给用户的价值,一般分为情绪价值和干货价值两种。

情绪价值大部分用来涨粉,可以通过讲故事或讲热门选题来引起共鸣,提升笔记热度。

干货价值侧重于变现,需要整理你所在领域的干货知识,进行知识传输或技能演示,也可以用过往的经验进行教学,让用户看完觉得干货满满。

◆ 一个万能的爆款公式

爆款是有迹可循的。我拆解了小红书平台的上万条大爆款,加上我的账号一个月内涨粉破万的经验,总结了一个万能的爆款公式,新手博主参考这个公式,就可以轻松出爆款。

爆款公式 = 引发好奇 + 价值塑造 + 解决方法

1. 引发好奇:描绘痛点或理想状态

同频才会共振,才能相互吸引并产生交集。

我们可以试想下,在陌生的公域平台,用户偶然刷到了你的视频,凭什么要为你停留?

肯定是你所分享的内容与他有关,无论是内容选题还是场景描绘,大都是他所熟悉的。

所以,想要做好小红书,很重要的一步,就是充分了解你的用户,只有了解他,才能产出与他有关的内容。这就需要利他思维，在自媒体上，把"我想讲"的欲望收起来，换成"他想知道"的话题，这才是双向奔赴的共赢。

如何抓住短视频的黄金三秒，吸引用户继续看？

第一步就是吸引注意力，可以用"你是不是……"开头，后面紧跟他的痛点，也就是他现在正面临的，还没被满足，却又亟须满足的需求。可以用排比句，同时列出用户的三个痛点，让人更有代入感，觉得"你很懂我"。

比如：

你是不是每天混群加人/群发，还是很难获客？

你是不是不了解小红书平台，无论怎么发内容还是没流量，也不涨粉？

你是不是好不容易涨粉了，却不知如何变现？

第二步是描绘美好画面/理想状态，让用户有需求瞬间被满足的感觉。

比如：

只须用这一条万能公式，新手45分钟轻松写出爆款！

如何一分钱广告费不花，30天内在小红书变现？

从月薪2000元到月入20万元，我做对了这3件事……

这样能够很好地吸引目标用户的注意力，让人迫不及待看完你的视频。

2. 价值塑造：回答用户为什么要听你的

引发好奇以后，就需要塑造你给出的方法的价值，给用户一个听你说的理由。

这里的价值，可以是你身份的专业背书，如果你的背书不强，那就塑造你即将分享的方法的价值，比如这是跟随某个大咖老师学习得来的方法，或者你不断实践摸索中发现的方法，都可以。

大家有没有留意到，我在分享爆款公式之前提到，"拆解了小红书平台的上万条大爆款，加上我的账号一个月内涨粉破万的经验，总结了一个万能的爆款公式"，这就是在潜移默化中塑造了我的公式的价值，说明我接下来分享的内容，既来自我涨粉的实战经验，也融合了上万条大爆款的成功逻辑，给人一种天然的公信力。

由此可见，这个万能公式，除了用在短视频的内容创作中，也可以用在日常的写作和沟通表达中，屡试不爽。

价值塑造，常用的句式是：作为……（背书/案例）我发现……（现存的问题）直到我遇到了……（贵人）我才知道……（解决办法）。

比如：

作为金钱关系咨询师，服务个案累计超过1000小时，我发现大多数人常见的金钱卡点是……为此，我整理了几个解决方法……

这样，就能塑造你之后要讲的方法的价值，让用户相信你讲的内容。

3. 解决方法：给出解决方案

直接给出解决方案，在分享时，一般可以列举3～5个方法，每个方法用两三句话简单解释，也可以结合案例补充说明。

有不少爆款笔记，在仅2分钟的短视频中，用了近一半的时间来引发好奇和塑造价值。

这提醒我们，在给出解决方案之前，需要把方法的价值塑造到位，才会相得益彰。

💎 低粉丝量高变现的路径

在小红书，想要实现低粉丝量高变现，除了做好精准定位、打造爆款获得流量，还需要有清晰的变现路径。

变现路径包括哪几步呢？

1. 确认目标

明确你想通过小红书达到月入和年入多少钱的目标。当你的目标是清晰的，路径就是清晰的，当你决心要达成目标时，一切资源都会为你而来。

2. 设计产品

针对目标，设计流量产品和高价产品。

顾名思义，流量产品就是以拓客为主的产品，目的是让用户用低价提前享受到你的产品和服务。

对于心理咨询师而言，可以开设一个固定主题的 3～7 天快闪群，内容常见的有冥想打卡、感恩日记、读书分享、集体疗愈等，重在陪伴赋能。

高价产品一般是单价在万元以上的一对一私教产品，以解决用户某一个特定问题为主要目标，交付形式一般是"课程＋一对一陪跑"。

为什么要做高价产品？我们算一下，以年入 100 万元为例，每月须收入 8.33 万元。

如果客单价设定为 1500 元，那一个月需要有 56 个付费用户，根据 10% 的转化率，前端社群每个月需要至少获取 560 个精准粉丝，这是有很大难度的。

而客单价设定为 15000 元的话，只需要在 56 个粉丝中筛选 6 人即可达成目标。

3. 搭建营销流程

①准备一份超级赠品

形式上，可以是文档资料、疗愈音频、公益试听课视频，最好是所在行业内的干货合集，让人看到马上就想找你领取。

②在小红书引流

常见的三种方式：

把小红书号改为微信号

准备小号—建立群聊—小号引流

开通薯店—引导用户在店铺下单

③开一场线上分享会

这是批量转化高客单价用户的秘籍，需要精心准备，步骤如下。

会前：收集需求、视频预告、文案引导

会中：讲好故事、10 倍价值交付、潜意识营销

会后：一对一答疑、解除抗拒、社群追销

《和财富做朋友》一书告诉我们，创富的必经之路就是营销。产品第一重要，客户第二重要，营销第三重要；没有营销，产品和客户都不重要。

所以，一定要重视营销变现，千万别为了发视频而发视频。

◆ 小红书创富心法

我很喜欢一句话：尽最大的努力，做最坏的打算。我们此刻或许已经掌握了爆款和变现的秘籍，正跃跃欲试，幻想着出第一条短视频就爆火。怀抱美好期待是特别高能的状态，能帮助我们快速迈出第一步。

然而，也要允许自己出师不利，或许拍第一条视频时，不习惯面对镜头，拍了整整一天；或许剪辑时，按键都还找不到，手忙脚乱中没剪出满意的视频；或许在发布第一个作品后，居然一个赞都没有……

这些都没关系，我也是这样过来的，你面对的我都经历过，刚开始做小红书，我还连续作废了三个账号，也曾怀疑我是不是不适合做自媒体。

可是六七年实体创业的经历告诉我，一定要攻克难关！因为相比开一家店动辄十几万元的创业成本，做自媒体的投入几乎为0，我损失的只是一些时间而已。感恩这个好时代，给了我们普通人太多被看见的机会。

想要做好小红书，什么时候开始都不晚，关键要做到以下几点。

1. 正确的坚持

坚持固然重要，可要在正确的路径下才有效，要不每往前一步都是与目的地背道而驰。

如何才知道正确与否？结果自然会说话。如果竭尽全力还是得不到想要的结果，先停下来找榜样。找到你所在领域已经获得成就的人，走完他的流程，从中借鉴学习。

2. 长期主义

自媒体是风口行业，一夜爆红的人层出不穷，让人误以为当"网红"轻而易举。

可成事都在点滴积累中，是一条条用心制作的视频的叠加。我们不能把所有希望都寄托在一条视频上，同时，又要把每条视频都当作最后一条来创作，以始为终，行必能至。

3. 极致利他

利他贯穿在自媒体创业的方方面面，无论是精心准备的超级见面礼，还是内容创作，都在跟用户进行一场预演的对话。

这就需要我们心中装着粉丝，讲他想知道的，解决他所亟须解决的。时时问自己：我能给粉丝提供什么价值？对粉丝没有价值的事，不做，令粉丝没有获得感的话，少说。长此以往，你的个人 IP 会非常有穿透力。

4. 为自己鼓掌

做自媒体，特别是短视频创作，非常考验心力。在每个无人问津、没有正反馈的日子里,如何做到日复一日地坚持?

这就需要我们不断给自己鼓掌,只要今天比昨天进步一点点,就值得欢呼。

"成事者最初只有一个伟大的蓝图,和毫无根据的自信而已。"只要我们勇敢踏出第一步,在正确的方向上坚持输出价值,屏蔽外界负面信息,坚信自己能行,那终会成为很有影响力的博主。

5. 终身学习

做自媒体每天要输出干货知识,如果不保持稳定的学习输入,那巧妇也难为无米之炊。只有不断学习,才能不断进步。

6. 学会借力

自媒体创业,稀缺的资源是影响力。当自己的影响力还不足以达成目标时,借力是一种智慧的选择。

8个月前我写下5个梦想,如今轻松实现了3个,实在太不可思议了!于是,我重拾内心的力量,找到了人生的使命,我将致力于传播心理学,并助力心理学创业者通过小红书做好IP营销,过上更好、更贵、更自由的人生。

文案篇：

文案变现硬核秘籍

蒋燕香：全职妈妈的逆袭传奇

> 千万不要在意起跑的年龄，只要你开始奔跑，就开启了英雄之旅！

从全职妈妈到逐梦心学苑创始人，燕香用她的坚韧与智慧，书写了一个全职妈妈的逆袭传奇。

9年前，她怀揣梦想，开始了线上创业之旅。从最初的99元社群学员，到如今月入16万元的创业者，她以坚定的信念和不懈的努力，打破了生活的桎梏，实现了人生的华丽转身。

燕香的成功并非偶然，她深谙三大秘籍：简单相信、向有结果的老师付费学习、制定目标不断行动。正是这些看似简单的道理，引领她一步步走向成功。

燕香不仅实现了自己的梦想，更致力于帮助更多人找到属于自己的道路，绽放属于自己的光芒。

"每个人，都是一座等待挖掘的宝藏！"记得第一次看到这句话的时候，我正在每天像机器人一样，做着周而复始、缺乏变数、日复一日重复着的工作，拿着 800 元 / 月的工资，一干就是 10 年。我当时觉得人生就这样了！能有个保险，平平安安混到退休，就万事大吉了！哪怕是块宝藏，我也不想去开采了！

你好，我是燕香，心理学创富导师，迷雾文案创富系统创始人，一个因为文案，命运悄然发生改变的人！

也许看到现在热情洋溢、侃侃而谈的我，你很难想象，曾经的我有多么内向。因为从小没有妈妈，我作为家里的老大，寄托着爸爸的厚望。那时我经常被爸爸批评为一无是处，导致我缺乏自信，连跟人说话都结巴、脸红。

直到 8 年前，接触了文案，我才真正找到自己的热爱，逆风翻盘，做了自己人生的主人！

因此，亲爱的读者，无论您正漫步于人生的哪一个精彩章节，都请驻足片刻，细细品味下文。我将带您走进一位全职二胎妈妈的成长历程，探索她是如何巧妙运用文案的力量，点亮个人品牌，进而转身，书写下自己人生的惊喜篇章。这不仅是一个关于成长与蜕变的故事，更是对梦想不懈追求、勇于突破的生动诠释。

◆ 嫁为人妇：以为婚姻可以改命，哪知是更大的考验

虽然我小时候吃了不少苦，但 20 岁嫁到了勤劳朴实的婆家后，婆婆待我如亲女儿一样，我只管上好班就可以了，几乎不需要干家务，我特别满足于当时的生活。

可天有不测风云，婆婆倒下了，得了不治之症！那时，我正怀胎 5 个月。

我当时感觉天都要塌下来了。我那么好的婆婆，怎么就得了治不好的病呢？我才刚刚体会到母爱，她就要离我而去。而且，我的孩子生下来以后，谁来教我怎么带孩子呢？

大约半年之后，婆婆带着无限的遗憾离开了我们。婆婆过世后，公公好长一段时间走不出来，经常端着一杯白酒，坐在门口，对着天空若有所思地喝。

我们花了两年的时间，才终于适应了婆婆的离开。然而，就在我女儿快 3 岁的时候，公公突然高血压中风，半边身子动弹不得。

从此，孩子也没有人带了，家里还多了个老人要照顾。那一刻，我忍不住告诉自己："燕香，这就是你的命运，再怎么挣扎也逃不过命运！"

你猜，我有没有向命运妥协，或者撂挑子不干了？

我当时以为嫁到夫家，就可以改命了，可发现面对的挑战更大！我几乎不会做饭，对带娃更是一窍不通。于是我就一点点开始学，没有靠山，自己就是靠山！

虽然婆婆去世，公公中风，没有人帮我带女儿，我还要照顾公公，可我还是不想放弃工作。那时 800 元 / 月的工资，对我来说非常重要……

我每天把孩子送去幼儿园，把家里的饭菜准备好，再去上班。我经常中午顶着大太阳，骑自行车回家给公公做饭吃。我就这样照顾了公公 12 年。

◆ 二胎到来：夫妻双双失业，要如何破局

通过我们夫妻共同努力，再加上房子拆迁，我的日子越过越好了。可就在生了女儿7年后，老天给我送来了二胎。我到底生不生？

我纠结了好久，要是生了二胎，我肯定无法去上班了，我得一边带老二，一边照顾公公。

我内心是不想这样的，可考虑再三，还是决定生二胎。于是，我辞去了月入800元的稳定工作，真的成了一个手心向上的家庭主妇。

糟糕的是，我没了工作，我的老公也因故失业了，突然间，家里没有了经济来源，要坐吃山空了。

这时，老公看同事每天因为炒股日入四位数，于是我们把家里仅有的存款拿出来炒股。

完全陌生的领域，牛市进场，熊市出场，可想而知，我们亏得一塌糊涂。

后来，我学了心理学创富系统课程之后才知道，是因为当时的我承载不了这么多的财富，所以到手的财都跑了！

经济拮据，我想着一边带娃，一边赚钱，不然，孩子每个月的奶粉钱都是问题。我顾不得跟老公商量，投资488元，开启了创业之旅。后来，就一发不可收，我又投资3980元，做淘宝优惠券，赚了人生的第一桶金，足足6位数！

再后来，我又瞒着老公投资了2万元、6万元、8万元，开

启了电商囤货之旅，我确实也赚到了钱，做到了日入 5 位数。

赚了一些钱后，我花钱开始变得大手大脚，买了自己曾经看了多次都不舍得入手的衣服，认识了一群朋友，还去韩国旅行……

可电商产品迭代很快，货一卖完，又要拿钱囤货升级。我不想继续囤货了，选择了退出。于是，我又失业了，要继续找新的项目……

◆ 再次创业：不停追风口，一夜回到解放前！

我就这样折腾了好几年，不停换项目来做。我不想只做一个卖货机器，我想内外兼修，想做一个有思想的人，更想赚更多的钱。不料有了这样的想法后，有一个大坑正等着我……

因为想赚大钱，我通过好友了解到了某个投资项目，把自己赚到的血汗钱一股脑投进去，最后庄家消失了，我的钱一分都没有了……

那一刻，我欲哭无泪，狠狠地扇了自己两个耳光。这是我靠熬夜卖货，省吃俭用一点点积攒的全部身家呀！

为什么我这么努力，还是得不到家人的认可，还是赚不到想要的钱，还是经常被"割韭菜"？我开始思考，到底是什么卡住了我？我渴望的到底是什么？

◆ 学习形体礼仪：人到中年，开始找自己

人生是一个寻找与找到的过程。几年的线上创业，一路折腾，

让我看到了更大的世界。我不想错过人生该有的精彩！

2020 年，我 36 岁，一次偶然的机会，我接触到了女子形体礼仪，当时这正好是一个新兴行业。我都没试听，就花光了身上仅有的 18800 元报名了课程！

那一年多，我比上班还准时参加学习，一天上 5 节课，一头扎进去学习，从手脚不协调，找不到发力点，到后来考取了 ACIC 国际注册高级形体礼仪培训师证书！

证书有了，小蛮腰有了，气质有了，也赚回了学费！可当我站上台时，小时候的自卑感和长大后的委屈，一下子都涌了出来，我泪流不止。

我发现，原来想要改变自己，改变外在只是一部分，真正的改变要从内在开始，我还需要更多的唤醒与成长！

我停下脚步思考，我为什么要创业？我到底要成为什么样的人？我到底要做什么样的事业？此生我到底要去向何方？

💎 转战线上：遇见文案，拥有变现硬核绝活

2019 年，新冠疫情期间，我在家里哪里也不能去，也不喜欢看电视，于是又开始在线上报课学习，在一个 399 元的线上付费课社群里结识了一位老师。她平时上班挺忙的，没时间发朋友圈，一般到晚上 11 点左右才发圈，基本是 5 条 / 天，到第二天早上就会看到有人主动向她买产品，全靠文案写得好。

这也太神奇了！于是我决定了，我也要学文案，能让别人主动向我付费学习。越学习文案，我越觉得线上真好，没有地域限

制。而当初我分享形体课程时，基本上是同城且距离我5公里之内的人才会报课。

于是我萌生了一个想法，我也想做线上课。学生准备好了，老师就来了。

幸运的我遇到了顺道，遇到了佘荣荣导师，我的人生经历了难以置信的蜕变，经过这么多年的积累，我终于爆发啦，结合心理学与商业创富的智慧，我成功构筑起独特的个人品牌，从一名平凡的卖货员，奇迹般地转型为心理学创富导师，开启线上课程！凭借在顺道学习到的整套逻辑与技术，借助文案这一神奇杠杆，解锁了"开挂"人生！我的梦想终于照进现实。

◆ 破茧成蝶：人生再次改变

每个人都可以做小课，去筛选意向客户，我用学到的方法开启了第一期文案训练营的招募。

那一期我招募了50多位文案营学员，大家的反馈特别好，当时还有一对一修改文案的服务。最后还有几位学员，都没等我发售私教课，就直接报名了我的文案一对一私教班！

我当时就无比笃定，把自己的定位改为：燕香潜意识文案创富教练！

在接下来一年多时间里，我陆续开了5期文案训练营，一期比一期的反馈好。我也把3个月的文案私教班，升级为财富倍增私教班。

从文案、心理学、疗愈、流量、成交、交付、裂变、发售、个人品牌等多个维度，我帮助学员打通整个商业闭环。

这一年多，我收到了大量的反馈。

"燕香，你变了……"

"你的起跑速度，真的肉眼可见！"

"你做到了你所说的，我在朋友圈见证了你的成长！"

"你活出了全职妈妈闪闪发光的样子！"

看到这些反馈，我感动得睡不着。

人生真的就是一次次不断体验和选择的过程，选择对了，一年顶十年！

我用文案这个抓手，开启了个人品牌之路。在顺道，我找到了用文案变现的秘籍，成长至上，乐为人师，甘为人梯，近我者富！

💎 文案秘籍：如何一分钟写出无比丝滑的文案

千万别等，先开始行动！先完成，后完美！写朋友圈文案其实就是写每天发生了什么，说的简单一点就是吃喝拉撒睡，想到什么都可以写。

你看抖音上那些爆火的短视频，很多就是拍的自己最平常的日常生活。所以，千万别觉得自己每天过得都一样，非要整个高大上的东西来写。只有真实的，才最接地气！

如果你还没有灵感，想不出，那就现在打开你的手机微信界面，点开你自己的头像，然后把今天发生的事、你做了什么事，像记流水账一样和自己说一遍。

想到什么就说什么，不要介意说得不流畅、不完整，说完以后,长按 3 秒,转成文字。因为从你嘴里说出来的内容,更接地气,受众面也会更广。

记得,好的文案是改出来的,不是写出来的。所以,把废话去掉,加上标题(一句你印象最深的话)和结尾(一句你最想表达的金句)。

就这样,一篇文案就出炉了。是不是特别简单?你学到了吗?

◆ 文案变现六大秘籍

看到这里,你是不是觉得我真的实现了逆风翻盘?因为我选择对了,又有文案这个核心变现抓手,简直是光速成长!

那我做对了什么?人生翻盘六大秘籍,分享给此刻正在读这本书的你!

1. 心怀感恩,言行一致

我非常感恩一路上帮助我的老师和贵人们,尤其是荣姐,是他们毫无保留的教导和指引,让我一点点长大、变强!

我非常感恩信任我的人,是他们的信任,让我飞速成长,期待未来一起走得更远!

我非常感恩给我支持的老公、孩子,还有外婆等家人,多年创业,真正觉醒也就是近 3 年,谢谢他们一直以来的包容!

我非常感恩我自己,因为我的不放弃、不抛弃,靠着一股不服输的韧劲儿,才活成了自己想要的样子!

2. 简单相信，脚踏实地

一切改变，都源于一个简单的"相信"，相信也是一种能力，选择相信总比不相信多一次机会！会选择是一种智慧，会相信也是一种能力！

选择自己相信的、热爱的，脚踏实地去做，在做事的过程中，锻炼了自己的能力，活出更多的可能性！

3. 勇于破圈，向有结果的贵人老师付费

有句话说，投资自己永赚不赔。这3年多，我把破圈当作风险投资，付费50多万元，尤其是我成为顺道私塾学员后，我深深感到，要向有结果的老师付费，花钱买老师的智慧。

由此，我成功更新迭代了知识体系，知识变现的路越走越宽！

4. 三秒转念，找到人生使命

大家知道，向上爬坡的日子，总会遇到一些阻碍，但我学会了三秒转念，每天给自己植入正向的暗示，激发他人愿力，唤醒人生使命！

我要帮助更多的线上个人品牌创业者，变得更好、更贵、更值钱！

5. 做真的自己，照亮他人

在打造个人品牌的路上，做真实的自己，说我所做，做我所说，活出自己最美最真的样子！

珍惜每一个靠近我的用户，只跟对的人建立对的关系，交付的不是知识，而是关系和改变！

如果你能给很多人带去信心、勇气和希望，你就配得上很大的影响力，你就能照亮他人前行的路！

6. 制定目标，积极行动

每个月制定目标，以终为始，以目标为导向，每一天深耕文案力，文案是每个人必须会的硬本领！

极度自律，极度渴望，极度自信，极度相信！同时，付出不亚于任何人的努力，积极行动！不仅要修外在，也要修自己的身语意，在高手的圈子里，你很难成为低手！

扎实每日基本功，真正做到外在富有，内在充盈！

◆ 写在最后：生命是一场富而喜悦的旅程

现在的我，开启了不一样的人生，看到了人生更大的可能性。未来，我要继续传播心理学，帮助更多人实现人生价值！

千万不要在意起跑的年龄，只要你开始奔跑，就开启了英雄之旅！

世间最大的善，莫过于你活出了绝佳的可能性，并且有更多人，因为你的存在而受益。

来吧，现在就和我一起开启生命的英雄之旅，活出富而喜悦的人生！

勇者篇：

"心想事成"的能力

单涓：梦想引航者，心灵探索者

> 当我们勇敢地踏出第一步，世界就会慷慨地奖励我们。

跨越多个行业与角色，展现出非凡的领导力与洞察力。从领导力培训机构的客户关系主管，到上市企业团队经理；从互联网独角兽企业的分公司经理、HRBP，到知名培训机构的国学班主任、西学项目经理；从行业头部企业全国市场总监，直至成为顺道教育深圳分院的院长。

她用专业的知识和丰富的经验，照亮追求梦想的道路，引领更多人探索内心的奥秘。凭借深邃的见解与无私的分享，搭建起心灵的港湾。以专业的技能，助力每一个追梦者探寻内心，实现自我价值。

你想拥有"心想事成"的能力吗？

我想与大家分享我的三个故事，讲讲我是如何心想事成的。

◆ 故事一：异地他乡，放手一搏找工作

大学四年级时，我规划毕业后去深圳工作。但作为一个出生在穷乡僻壤，连"小镇做题家"都称不上的女孩，我从没去过深圳，也不认识深圳的任何人。

我在微博上得知，我们学校毕业的广东校友们要在深圳举办广东校友会成立大会，我觉得这是一个非常好的认识师兄师姐的机会，到时候可以请他们给我推荐合适的工作。于是，在大会前一天，我一个人坐10个多小时火车，从南昌去往深圳。

第二天上午，我提前到了会场，主动参与到准备工作中。很神奇的是，下午，活动开始后，我竟然见到了我们的校长。我在学校三年都没有见过他，却在异地他乡见到了。

他得知我是自己一个人坐火车来到深圳的，很吃惊，非常欣赏我的勇气，于是推荐了我上台，作为在校生代表发言。由此，全场近400人都认识了我，其中不少是企业老板，对我的表现赞赏有加。所以，我在年底实习时，就拥有了好几个机会，最后得到了一份当时我非常满意的工作。

从我产生去深圳工作的想法，到办理完入职，仅花费了4个月的时间。

🔹 故事二：目标明确，积极大方找对象

2022年8月，单身的我决定要结婚。

为了找到合适的人选，我发朋友圈告诉大家我想要结婚，并把具体择偶要求列出来，请大家帮我介绍合适的人；在参加班级聚餐、朋友聚会的时候，我也会把这些要求告诉大家，请他们给我推荐合适的男士。

同年9月初，经过朋友的介绍，我认识了一位先生。仅半年后，我们就结婚了。

🔹 故事三：有勇有谋，依托品牌打造个人IP

2023年，我的工作令我不太满意，整个人处在比较迷茫的状态。加上婚后我打算备孕，怕怀孕了影响工作状态，从而给同事们带来工作负担，我决定不再去公司上班。于是，我辞去工作，开始做自由职业。我的收入变得很不稳定，几乎只有来自固定的合作方的少量收入。

我心里一直都有一个梦想，就是用我自己的思维和掌握的技能去帮助有需要的人，让他们少走一些弯路，更快实现自己的目标。在这个时代，我能找到的路径就是打造个人IP，形成影响力，再通过咨询、课程、慈善、公益活动等去帮助他人。

特别巧的是，正在我探索如何打造自己的IP时，我在朋友圈中看到了朋友分享的顺道教育的课程。上完课，我非常受启发，

我找到了我创业失败的原因，也找到了我明明那么努力，现实却不尽如人意的原因。我用课程中介绍方法帮助了身边的朋友之后，我们的关系变得更加亲近了，我的家庭关系也更好了。我觉得这么好的课程应该被传播给更多的人。我了解到，顺道在深圳还没有分院，于是向总部申请由我来创办分院，这样我就可以依托大品牌，既可以传播非常有益的课程，拓宽我的收入渠道，又可以为打造个人IP做专业方面的积累。我是2023年10月底才开始有做女性成长IP的念头的，到通过总部的审核（时间是2023年12月16日），成为顺道教育深圳分院的院长，时间还不到两个月，我心想事成的速度实在太快啦！

如何看待我这种快速"心想事成"的能力呢？我觉得最重要的是"勇敢"。

当然，做一个勇敢的人，并不意味着莽撞、盲目、轻率。怎样才能勇敢成事呢？我总结了三点：快、狠、准。

1. 快：立刻开始，行动迅速

第一，敢于开始，即成功。

立即去做，开始比完美时机更重要。对于很多人，打败他的，不是事情本身，而是他自己不敢开始。

打造个人IP也一样，很多人都很想打造个人IP，但是总觉得还没有准备好，这不行、那不行、想再等等、再准备准备。但是"准备"是一个非常模糊的词，什么时候才叫准备好了呢？也有可能你正在准备的时候，想法变了，又要从头开始做准备，一直都处在一个"准备中"的状态。如果没有开始做，那就永远不会有结果。

所以，对于要打造个人IP的人而言，勇敢是尤为重要的。当我们勇敢地踏出第一步，世界就会慷慨地奖励我们。我们将从被动等待的人，成为主动选择的人，拥有更多的机会和可能性。

第二，行动迅速，保持优势。

《曹刿论战》曰："一鼓作气，再而衰，三而竭。"说的是我们在做一件事情时，刚开始的士气是最足的，后来会慢慢衰竭，所以我们要趁热打铁，想法出炉后，得迅速行动。

当我们不执着于完美，勇敢地开始以后，所有的动作会带来相应的反馈，这些反馈中可能有正向的，也可能有负向的，正向的继续保持，负向的加以改善，这样就会变得越来越趋向于完美。这也是腾讯常用的"小步快跑，快速迭代"的策略。始终保持比他人更快一步，就是为自己赢得持续的优势。

2. 狼：意志坚定，行动果决

第一，要坚定地向目标前进，无论遇到什么情况。

当初我去深圳参加校友会活动前，我向班里的同学发出了邀请，一来是真心觉得这是一个很好的找工作的机会，二来也想有个伴，路途更加安全。可惜的是，没有同学一起前往。更糟糕的是，我的生活费被我弄丢了一部分，如果前往深圳，意味着我之后有一段时间会过得很拮据。但这些并没有阻止我朝着"去深圳找工作"的目标前进。

所有事情的进展不可能都是一帆风顺的，在遇到问题的时候，要再次明确自己的目标，可以想想荣姐说的那句话："凡事发生，要么助我，要么渡我。"做个人IP时，可能会遇到自媒体起号不顺利、转化慢、客户少的情况，不要轻言放弃，每个 IP 都需要积累的过程。如果你看到一个号一开始就爆了，那是因为其之前已经练了很多号。

第二，行动果决，不要在意他人如何想、如何看。

人的经历、所受的教育和思维方式不一样，导致大家对同一件事情的看法可能截然不同。

当时我发朋友圈征婚，有女生问我："你不会担心别人觉得你很恨嫁吗？不怕别人觉得你是那种找不到对象的人吗？"

然而，我脑子里从来没有过这样的想法，我只负责为自己的目标找到实现的途径，无论是发朋友圈，还是主动找朋友帮我介绍，我都视其为快速取得好结果的一种方法。真正的朋友不会认为我恨嫁。觉得我恨嫁的人，称不上朋友。既然不是我的朋友，我又何必费脑子去在意他的想法呢？还不如去想想怎么更好地找到我的结婚对象！

做个人 IP 更是这样，我们需要面对熟人和陌生人。有的人见了熟人不好意思，见了陌生人怕对方不客气。换个角度想，给熟人一个深度了解你的机会，同时也是你筛选同样价值观的熟人的过程；给陌生人一个认识你的机会，同时也是你筛选意向客户的过程。不要担心别人不喜欢你，圣人都会被人骂，咱们作为凡人，有人不喜欢，才是正常的。

3. 准：目标清晰，行动聚焦

第一，目标清晰，选好定位。

想弄清楚自己要做哪个细分领域，建议从两个方面做选择：①做自己有天赋的或擅长的，这样可以做得轻松不费力。如果不清楚自己的天赋和热情，找不到定位，可以借助热情测试和人类图快速准确找到。②这个领域有足够大的需求，确保有客户来源。

第二，找到资源，围绕目标制订行动计划。

做个人 IP，在不同的阶段，需要的资源和行动是不一样的，所以每隔一段时间都需要进行资源、能力盘点，看看自己还缺哪方面的资源或能力，然后去找到这个领域里顶级的老师学习或借力。

做个人 IP 可以用到的其他资源包括：自媒体平台、社群、AI 工具、行业人脉等。

一定要围绕目标制定行动计划，才能达到目标，否则就会南辕北辙。我之所以那么顺利地成婚，不仅是因为我释放了要结婚的信号，还因为我把跟男生们见面、沟通排到了我整个时间表的最优先级，并且还报了课程，学习如何谈恋爱。

我们在做个人 IP 时，如果设定的目标是成为心理学导师，那就要好好学习心理学课程，招募个案，输出专业的自媒体内容。所有行为都围绕着"成为心理学导师"这个目标进行。要特别注意的是，在今日头条、抖音、小红书这些算法技术强大的平台上，我们的标签更需要清晰，并且不断强化，这样我们才可以获得更加精准的粉丝。切记，不要发了创富、心理学、财富这类标签的内容后，又发自拍美照、旅游、美食之类的内容。算法不像人一样可以感性地认识一个人，当它接触到丰富的内容时，不会在系统里记录一个人为"热爱美食和旅游的懂心理学创富的美女"，而是会标注一堆杂七杂八的标签，吸引各种人来。不精准的结果就是来的人都无法留住，此时系统会判定该账号生产的内容对大家没有吸引力，从而减少推荐，至此，这个号基本就废了。

内在力量篇：

勇敢前行，拥抱幸福

王若冰：摄影到知识变现的跨越之路

> 每一个女性都是一颗璀璨的星星，只要我们勇敢地发光，就能照亮整个世界。

王若冰，始终走在不懈追求自我超越的路上，21 岁，她创办"影之杰摄影工作室"，凭借独特视角与卓越服务，成为行业标杆；30 岁，进军大健康产业，深耕 12 载，收获健康与智慧。

46 岁，她毅然转型，从实体业务迈入知识付费领域，聚焦女性成长，用智慧与经验照亮他人前行之路。

她拥有敏锐的商业洞察力，能精准把握市场需求；她拥有强大的适应能力和转型能力，无论何时何地都能迅速调整，勇攀高峰。她敏锐洞察市场，快速适应变化，是当代女性在商业时代中智慧变现、自我实现的生动典范。

内在力量篇：勇敢前行，拥抱幸福

　　人生如一场波澜壮阔的旅程，充满了挑战与机遇，而我的人生更是一部跌宕起伏的传奇。我是若冰，一名"70后"女性，如今身为疗愈师、有机生活美学家和幸福力教练，回首过往，我感到每一步都走得坚定而勇敢，每一段经历都是成长的基石。

◆ 走过青春的坎坷，用镜头记录每一瞬的美好

　　少女时代，命运便给了我沉重的一击。小学四年级时，父亲的突然离世如同一道晴天霹雳，瞬间打破了我原本幸福的生活。那一刻，世界仿佛失去了所有色彩，我陷入了无尽的悲痛之中。亲人的离去，让我过早地体会到生命的脆弱与无常，也在我心中种下了对健康的近乎执着的渴望种子。

　　失去父亲后，整个家失去了生活的主心骨。母亲在艰难的日子里，始终鼓励我学习一项技能。她坚定地认为，有艺不怕穷，反复叮嘱我一定要出人头地。她的眼神中满是期盼，仿佛看到了我凭借一技之长改变命运的未来。在她的激励下，我心中也燃起了对未来的渴望之火，努力去寻找属于自己的道路，只为不辜负母亲的这份期望。

　　于是，我骨子里的好强被激发了出来。坚强的母亲成了我人生的榜样。然而，这份隐忍与好强，让我不自觉地背负起许多本不该在那个年纪承受的压力，从此活在了证明的模式里。原生家庭的这种价值观，在未来的日子里，深深地影响着我。

　　21岁，怀揣着对未来的憧憬和不屈的勇气，我创办了影之杰摄影工作室。那时候的我，就像一只渴望飞翔的小鸟，虽羽翼未

丰，却有着坚定的信念。摄影于我而言，不仅是一份职业，更是表达自我、记录美好的独特方式。我痴迷于光影的艺术，用心捕捉每一个动人瞬间。在摄影的道路上，我挥洒了无数汗水，勤奋学习摄影技术，不断提升专业水平。每一次按下快门，都饱含着我对生活的热爱与对美的执着追求。

那些年，我用镜头见证了无数的青春与感动，也赢得了客户的认可和赞誉。摄影让我找到了自己的价值，让我感受到生活的美好。然而，随着时间的流逝，我不再感到满足。我渴望在人生的舞台上绽放更多精彩，为这个世界带来更多价值。

◆ 敬畏生命，投身大健康行业实现人生价值

在事业稳步发展的过程中，我迎来了人生的另一个重要阶段——婚姻。婚后的生活，有甜蜜也有挑战。夫妻之间，由于价值观的不同，矛盾逐渐凸显。但我没有被这些困难打倒，而是选择勇敢地面对。我深知，婚姻需要双方的努力和经营，需要相互理解、包容和支持。

一次偶然的机遇，我接触了大健康产业。回想起父亲的离世，我对大健康产生了浓厚兴趣。我深知健康对每个人的重要性，也期望通过自己的努力，让更多人重视健康，远离疾病。于是，我毅然决然地放下摄影主业，全身心投入大健康产业。

在大健康领域的这 12 年，是我人生中一段无比宝贵的经历。我深入学习自然疗法，了解了身体的自愈功能。我明白了尊重生命、敬畏因果的深刻意义，也懂得了健康不仅是身体的无病无痛，

更是心理的平衡与和谐。

我对生命的敬畏愈发深刻。"上医治未病。"这句话让我更加坚信，预防大于治疗。我们的身体犹如一座神奇的宝藏，只要给予足够的关爱和呵护，它就能展现出强大的自我修复能力，保持健康状态。生病往往源于心理失衡、饮食不当、情绪失控等，正所谓"百病生于气也"。

我积极推广大健康理念，倡导自然疗法，如合理的食疗、适当的辅助产品等，帮助许多人改善了健康状况。因为我深知，只有关注生命的每一个细节，从源头预防疾病，才能让我们的身体更加健康，寿命得以延长。对于我而言，长寿便是一种幸福，它让我有更多的时间去感受生活的美好，去陪伴家人，去实现自己的梦想。在这个过程中，我的生活也变得更加充实且富有意义。

然而，人生总是充满变数。在大健康事业稳步发展的过程中，我迎来了自己的二宝。孩子的到来，让我重新审视自己的生活。我意识到，家庭对我来说同样重要。于是，我决定回归家庭，陪伴孩子成长。

◆ 回归家庭，用心理学点亮生命之光

回归家庭的这一年，对职场打拼几十年的我而言，无疑充满了前所未有的挑战和考验。习惯了职场的忙碌与拼搏，突然回归家庭，那种措手不及的陌生感如潮水般涌来。生活节奏陡然转变，从紧张的工作安排到琐碎的家务日常，从应对各种工作难题到处理家庭中的大小事务，每一个变化都让我有些应接不暇。柴米油

盐、孩子的教育和陪伴、家人的情感需求，常常让我感到力不从心。我努力调整自己的状态，去适应这个全新的角色，但过程中充满了迷茫与困惑。然而，我也明白，这是人生的一个新阶段，我必须勇敢地面对这些挑战，在家庭的港湾中重新找到自己的价值和方向。

在人生的旅途中，我积极地踏上了学习心理学的征程。很幸运，我遇到了顺道教育的"金钱关系咨询师"课程，在这个学习过程中，我仿佛打开了一扇通往未知世界的大门，了解到了金钱的秘密，洞悉了财富的底层逻辑。这一切，如同照亮黑暗的明灯，逐渐驱散了我内心深处的迷茫。

回归家庭的那段日子，无疑是我人生的至暗时刻。突然间，我失去了职场上的价值感，对自己充满了评判。然而，心理学拯救了我。通过学习心理学，我开始培养自己内在的幸福感。我进行冥想，书写未来日记，用这些方式去探索内心的世界。当听到导师说我是家族中最有力量的那个人时，我陷入了深深的思考，开始探寻自己是否还有更多的价值。

我跟随"21天镜子练习"课程，用镜子练习疗愈自己，坚持写感恩日记，让自己慢下来，去倾听自己的呼吸，享受回归家庭后的小确幸。曾经，我拥有一套房子，却对它充满了评判。但通过练习，我与房子进行了一次深刻的对话。那一刻，我泪流满面，我意识到，那不仅是一套房子，也是我的青春与拼搏，是我曾经无视却无比珍贵的财富。此刻，我终于明白，我并不是一个人在战斗。我感受到了力量，感受到了金钱对我的爱，也感受到了自己对金钱的热爱。

学心理学，于我而言，是此生最正确的选择。它让我在人生的低谷中找到了方向，让我重新认识了自己，认识了财富，也认识了这个世界。它赋予了我力量，让我有勇气去面对生活的挑战，去追求真正的幸福。

　　在这个转型的过程中，我也深刻地反思了自己的人生。曾经，在财富丰厚的时候，我内在却是匮乏的。虽然拥有强大的财富力，却感受不到真正的幸福。而现在，虽然财富没有过去那么丰厚，但我的内心无比富足。我开始思考，我能给婚姻提供什么价值？

　　我深知，女性不能因为年龄的增长而放弃对自己的要求。作为一名终身学习的女性，我在这个阶段学习了女性魅力六商：爱商、情商、财商、美商、逆商和性商。

　　爱商让我多了一份慈悲心。对家人，我给予无条件的爱与支持；对爱人，我能体会他的疲惫、压力并温柔抚慰；对孩子，我耐心引导其成长，懂他的需求。爱商让我的内心柔软且有力量去传递爱。

　　情商让我学会高情商表达。与爱人沟通更加和谐，引导孩子更加恰当，在社交场合也能与他人良好互动。我能控制自己的情绪，以积极的心态解决问题。

　　财商，乃女性价值的有力变现。拥有强大的财富力，我在面对选择时不再慌乱，生活充满尊严。靠自己，完全可以过上渴望的生活。为自己找寻人生教练，智慧理财，规划自己想要的人生。

　　美商让我明白，即使人到中年，也不能放弃对美的追求。我依然可以用优雅的姿态和精致的生活方式展现自己的魅力。

　　逆商给予我面对磨难的勇气。我经历了诸多苦难，但我从不畏惧，因为我相信自己有能力战胜一切困难。

性商不仅涉及与伴侣的亲密关系，更涉及自我接纳和自我疗愈。它让我更加了解自己，也让我学会如何与伴侣更好地相处。

同时，经营实体店的无形压力，如同沉重的枷锁，让原本满怀梦想的我，在现实的打击下举步维艰。即便很想做好一件事，却总有各种原因阻碍着我突破自己。

但此刻，我特别庆幸自己已经从过去的牢笼中走了出来。至少，我的心是自由的。我感恩过去的那些经历，虽然很痛，但我都走过来了。我渴望活成一片天空，阳光与风雨都是天气，而我安然自在，享受内心的宁静。回顾过去，无论从事过什么行业，代理过多少产品，我最终明白，人生就是去认识自己，和自己的心待在一起，好好供养自己的心灵庙宇，让灵魂在离开时觉得不枉费这一生。

如今，我既是疗愈师，帮助女性疗愈内心的伤痛，找到心灵的宁静；又是有机生活美学家，引领女性追求健康、美好的生活方式；更是幸福力教练，助力女性实现人生幸福。我相信，每一个女性都是一颗璀璨的星星，只要我们勇敢地发光，就能照亮整个世界。

在未来的日子里，我将继续努力，不断提升自己的专业水平，为更多的女性提供帮助和支持。我将用我的故事去激励更多的人，让她们相信，人生没有过不去的坎，只要我们勇敢地面对，就一定能够迎来美好的明天。

我也希望更多的女性能够加入我们的行列，一起为实现幸福人生的目标而努力。让我们一起成为生活的美学家，一起成为幸福的引领者，一起为创造一个更加美好的世界贡献自己的力量。

我的人生，从少女时代的懵懂与勇敢，到创业时期的拼搏与坚持，再到婚姻中的经营与成长，最后回归家庭实现自我接纳与转变，每一个阶段都是一次蜕变，每一次经历都是一次成长。我用自己的故事告诉大家，无论命运给予我们什么样的挑战，我们都要勇敢地面对，不断地努力、学习和成长，最终一定能够实现自己的人生价值，绽放幸福的光芒。

人际关系篇：

尊重边界才是爱的体现

杨小娜：创新引领者，梦想构筑人

> 敬重边界是爱的体现。

农村姑娘的逆袭之路，从"0"财富到财富自由，她用智慧和汗水书写了传奇篇章。她是中国传统文化的践行者与传播者，也是"用事业服务于家庭"的坚定践行者。从销售员到公司合伙人，再到"卓粤科技""质爱屏"品牌的创始人，她以创新之心，勇攀高峰。如今，她又创办了"博道教育"与"宸溪书苑"，以教育点亮未来，以文化滋养心灵。

杨小娜，用梦想照亮前行之路，以创新之翼，翱翔于广阔的天空。

在生活中，你是否常常会被关系所困扰，比如亲情、友情、爱情……

你会不会特别在乎别人对自己的看法，无论说话还是做事，都要先在心中揣测对方的想法，有时为了讨别人的欢心，甚至会勉强自己做一些不愿意做的事情……

你总是为别人着想，担心自己会给别人添麻烦、会成为别人的负担，但是当你感觉疲惫、烦闷的时候，却没有人在乎你的感受……

你会不会常常被"关系""交情"所"绑架"，经常浪费自己的时间、精力去做分外的事情，而别人都把这视为理所当然，没有人感激你的无私付出，却会在出现问题时要求你承担责任……

你会不会时常忍气吞声地接受一些不公平的待遇，以为"忍"和"让"是一种美德，谁知在你主动牺牲之后，别人却并不满足，反而要求你奉献更多……

你会不会总是保护不了自己的隐私，当别人肆无忌惮地打探你的私生活的时候，尽管你心中充满了不快，却不敢表达自己的态度……

以上情景，是否会让你感到被深深地触动？也许你会问自己："对啊，我为什么会让自己变成这样？"

其实，以前的我也是这样的。

也许我们并没有意识到，人与人相处是需要有界限的。这种界限不仅包括有形的界限，还包括无形的界限。界限无处不在，非常重要，却又很容易被我们忽视。

一个人如果没有界限感，就会分不清自我与他人的责任归属，也难以区分自己和他人的看法、态度、情绪,还会把自己和他人的问题混为一谈,甚至失去明确的身份认同,从而处理不好各种人际关系,陷入不知所措的困境。

相反,那些具有良好界限感的人,却能够时刻把握相处的分寸,能够清楚地认识自我,也能够接受他人与自己不同的部分,并能对他人的意志、想法、情感给予应有的尊重。

因此,你应当给界限足够的重视,并要注意与他人保持恰到好处的界限感。这是与人相处最基本的修养,也是让关系持久、稳固的最重要的基础。

在职场关系中,你需要把握好自己的职场角色,与上司、同级、下属建立恰当的行为界限。你还要找到自己的"心理临界点",知道自己该做哪些事、该说哪些话、该与哪些人打交道,这样你才能在复杂职场的人际关系里找准自己的位置。

在家庭关系中,你既要保护好自己的个人界限,也要尊重家庭成员的私人空间,还要包容其他人的看法、立场和选择;你和家庭成员之间不应过度依赖、相互干扰,而要在关系中找到彼此都能接受的界限平衡点,这样才能形成"不越位,不错位,还能到位"的家庭关系。

在情感关系中,你要学会运用边界的力量,让彼此既不会产生窒息的感觉而巴不得逃开,能保持恰当的独立性、自主性,又可以在微妙的平衡中品味幸福和甜蜜的生活。

在人际交往中,你更要拿捏好分寸和界限,不要过度掌控或过度顺从。你需要时刻界定好与他人之间的最佳"距离",让自己和他人能够相处得更加舒适、和谐,这样才能拥有良好的人际关系。

界限就像一道城墙，它是维护自主权、安全感，保持自尊、自信、健康的重要方式。你需要为自己设立良好的界限。

我在自己的生活中也改变着各种关系的界限，虽然要花时间和精力，但只要有足够坚定的决心，愿意为此付出努力，就一定能够品尝到界限带来的自由和快乐。

❖ 亲情关系界限

在一个家庭中，界限意识清晰的人，能够感受到来自家人的关心和支持，可以自由地与家人分享快乐、分担忧愁，但同时，也会保留自己独立的物质和心理空间，而这一点也能够得到家人的理解。相反，那些界限意识不清的人，却会有一种受到束缚和一味付出的感觉。

小时候，我算是留守儿童，但当时的我一点都不觉得自己是留守儿童，也不懂这个概念。我那一届，同龄女孩特别少，我又不爱说话，大部分时间都是自己一个人待着。我自己给自己做饭，每天按时睡觉、按时去学校，周末还会自己下地种菜，把吃不完的菜腌制成菜干，暑假去东莞的时候带给爸爸妈妈和弟弟吃。这对我而言，是一件很幸福的事情。

父母在我读三年级时就去东莞做生意了。我们家有 5 个孩子，那个年代都是大的孩子带小的。当时的学费很高，但并不影响我们姐弟的生活和学习。小时候，爸爸妈妈对我们说过一句话，到现在我还记忆犹新，他们说："只要你们兄弟姐妹想念书，爸妈砸锅卖铁都会供你们读完。"其实，当时在农村，我的家庭条件并不算差，但从小到大，看着爸爸妈妈日出而作、日落而息，勤劳艰辛地工作，我们几个孩子总以为家里比较贫穷。也因此，我们养成了吃苦耐劳、独立自强的性格。

大姐、二姐还是比较争气的，大姐考上了我们当地的师范学校，但没有去读，因为她不希望父母那么辛苦，便把读书的机会让给了弟弟妹妹。二姐考上了大学。我们其他3个孩子里没有念书的料，都主动不念了，想早点出来工作赚钱。

我刚开始工作的时候，一个月800元工资，用了6年的时间，存了10万元，在2012年开了属于自己的批发店。我开店的初心，就是想为家里减轻负担。我在2013年就全款买了一辆价值10多万元的小车，想着可以开车带爸爸妈妈到处去玩。

因为一些事情，我无意中萌生了一个想法——不一定男孩才能买房给父母住，我作为女孩也可以。于是，我在2014年买了一套房，和父母同住。

弟弟他们也出来自己做生意，经常要用钱，会找我拿。我们聚少离多，很少沟通，但我认为他们都是心地善良、勤快、独立的人，相信他们能够把自己的生意做好。然而，每次他们都会因一些原因，遇到各种问题，亏不少钱。而且，我弟弟还怪我给他钱，说要不是我给了他这些钱，这些钱就不会被亏掉了。这让我感到特别委屈。

于是，我出去学习，就会把他们都带上，帮他们出学费，让他们和我一起学习，但是好像并没有多大作用。后来我才明白，不自己缴学费的人是学不会的。大弟还把身体给搞垮了，也花了不少钱。

经历了很多坎坷，我才明白，我做的这一切都是有问题的，唯有我回归到自己的位置，不让家人过度依赖，明白人与人之间要有界限，不越位、不错位，问题才有可能化解。人际关系应当有弹性界限，我们要保护自己的外在、内在空间，也要允许别人做别人。

💠 友情关系界限

在与朋友相处的时候，界限清晰的人能够与朋友互相信任、互相依靠，在彼此需要帮助和支持的时候，双方都不会吝惜自己的力量；与此同时，朋友之间也会尊重彼此的选择，不会强迫对方按照自己的意愿行事。

相反，界限不清的人容易与朋友的生活、事务过分交缠在一起，他们往往与朋友同进同出，努力保持相同的频率，一旦有一方做出了不一致的选择，就可能引发激烈的冲突；不仅如此，这样的友情还具有"排外"的特点，也就是说他们会有独占对方的欲望，不允许对方结交新的朋友。

我有一位非常好的朋友，名叫菲菲。我们认识有18个年头了，她特别聪明且非常独立，很有自己的主见，也比较好强。我们虽不是发小，但交情胜过发小，成了很好的闺蜜。

在我十六七岁时，我们就有一面之缘。后来在我第一次创业初期，我们在一个市场再次相遇，结下了友谊。

刚认识的前几年，我们是供应商和客户的关系。随着时间的推移，我们成了好朋友。她在深圳，我在中山，只要我独自一人去深圳，就会住她家里。过去我基本每个月都会去深圳一趟，每次过去都和她聊到深夜三四点。我们无话不谈，我对她没有秘密，有时出去游玩不方便打款给其他供应商，跟她说一声，她立刻就帮我处理。她跟我说过，好朋友之间，如果没有特别对待，就没有意义了。在那之后，我感觉自己会特别注意，跟其他朋友拍了照片，会谨慎发朋友圈。

2019年，我在深圳和其他朋友开了一家工厂，我和菲菲打算住在一起，可因为通勤距离的问题作罢。我知道她很希望我们能住在一起，互相照顾、监督。

后来我只要有时间就一脚油门开过去找她，我们在一起时，两个人各玩各的手机都感觉挺好，可能因为当时两人都是"大龄剩女"，是彼此的寄托、依靠。我们也会经常因为观点不一致而争论，但过一会儿就和好了。近几年她不社交、不出去玩，每天两点一线，经常凌晨三四点才睡，我就会唠叨她不能这样。我的生命状态跟她是相反的，我想做什么事就要去做。但我的这种状态好像没能影响她。有时候我在想，不知道是她对还是我对，好像没有对错。

现在我结婚了，加上在第三次创业，我们的联系比之前少了很多。但我一直告诉自己要经常跟她联系，不要让她感到孤单，要让她知道我一直都在，我们之间的感情是一直没有变的。

她对个人的问题比较保守，有时候问她一些私人问题她不愿意说。问这些问题在我看来可能是一种关心，但对她而言可能是一种打扰。我真的非常想为她分担一些，会想着法子换其他的方式跟她沟通，然而有时候我真的不知道她的脑袋瓜里在想什么。

渐渐地，我明白，互不约束，彼此安好。过度关心反而会把一个人越推越远，友情也是一样，千万不要将"在乎"演变为"束缚"。

有段时间她对我说，她感觉自己好像抑郁了。我非常担心，但不得不装得很淡定。我知道即使我对她说了什么，她也是不会接纳的，她还是会坚持自己想法和做法。

曾经我会长篇大论地对她讲各种大道理，但自从上了荣姐的课，我更深层次地了解了菲菲。我明白很多事情是她要自己去经历、体验的，没有所谓的感同身受，每一个人的生命状态都不一样，我们能做的更多的是理解和陪伴。

保持应有的界限，朋友之间彼此尊重，不强迫对方按照自己的意愿行事，才能建立可持续的、充满关爱的关系。

◆ 爱情关系界限

我们经常会用"如胶似漆""难舍难分""形影不离"等词语来形容处于热恋中的男女。可即使是在热恋中，双方也需要保有自己的界限，若是靠得太近，难免会"刺伤"对方，也会影响彼此之间的感情。

这种情况可以用心理学中的"刺猬效应"来解释。这个效应与一则西方寓言有关，说的是两只刺猬在寒冷的冬天，不得不依偎在一起互相取暖。可由于它们浑身长着短而密的刺，常常会将对方刺得鲜血淋漓。后来它们不得不稍微拉开一些距离，这样既能达到取暖的目的，又不会被对方刺伤。

德国著名哲学家亚瑟·叔本华在自己的著作中首次使用了"刺猬效应"这个术语，指出人与人之间也应当保持适当的心理距离，这样既能表现出关系的亲密，又能避免不必要的互相伤害。

对应到两性关系中，恋人们也应当正视刺猬效应的存在，在相处时找到让自己和对方都能感到舒适的距离，才不会因为自己的界限被频繁触碰而产生焦虑、不安、愤怒等负面情绪。

我的先生是我二姐的同学，两家知根知底，因此我们认识半年就领证结婚了，步入了婚姻的殿堂。结婚后我们每天形影不离，刚开始还感觉挺好的，很甜蜜。但过了一段时间，我总有种被人监视的感觉，很不自在、有点委屈。我从小到大自由惯了，想去哪儿说走就走。我经常去深圳学习，他也跟着，他的工作用一台电脑就能搞定。有时我还挺不想让他跟的，因为之前去深圳，我都是在闺蜜家住，可以叙旧聊天、多住几天，我的朋友、亲戚也大都在深圳，我还可以到处走走去见他们。现在我先生和我一起去，我们只能住酒店，上完课或办完其他事儿就直接回家了，我感觉被限制了自由。

记得有一次，也是去深圳学习，我只是出于客气问一下：要一起去吗？他没有回应我，我就去整理我的行李，然而行李整理好后，我发现他也把行李整理好了，我哭笑不得。后来，我慢慢地提升了心性和智慧，接纳了他的这份特别的溺爱，并享受其中。

一般情况下，还是要保持一定的距离比较好，避免给对方太大的心理压力。既不能疏远对方，以免对方有一种被忽视的感觉，也不能用爱去禁锢对方。保持一定的界限和距离，才不会让爱情离我们远去。

敬重边界是爱的体现。真心相爱，并非需要彼此融为一体、无你无我。相反，互相敬重、给予独立空间，反而是爱情的显著标志。因为爱，我们尊重对方的想法和选择，因为爱，我们理解对方的界限，不做逾越的行为。这样的界限感，让两颗心在自由的氛围中轻盈跳动，而不是在压制中窒息。就像两株植物，各自生根发芽，又在空中交织出美丽的花朵，既拥有生长所需要的距离，也拥有彼此依靠的证明。

界限感的塑造并非一蹴而就，它需要彼此不断沟通与调整。表达个人的需求，如需要独处、交流、与不同朋友交往的时间等，做到开诚布公。更重要的是，我们要学会理解和尊重，知道何时应该拉近距离，何时应该给对方适当的空间。

Part 3

第三部分
人生财富力

转型篇：

看见工作的另一种可能性

颜端仪：财务建筑师，财富梦想的引路人

> 永无止境的学习和蜕变，才是一个优秀品牌的不竭动力。

从 2004 年深耕中国台湾金融证券业，到 2012 年跨越中国香港证券市场，她凭借过人的智慧与毅力，在金融行业书写了一段又一段的辉煌。然而，在事业巅峰之际，她毅然选择离开，于 2016 年创立菁羚商学院，致力于传播财务知识，助力更多人实现财富自由。

两本著作，《80% 求稳 20% 求飙，低风险的财富法则》与《越痛快花钱越能把钱留下来》，凝结了她对财富管理的独到见解和深刻思考，畅销海内外。

她用专业为您筑梦，用热忱引领前行。她坚信，每个人都可以成为自己财富的主人。选择菁羚，选择与财富共舞的人生！

2004年，大学毕业的我进入金融行业工作，幸运地成为一名股票营业员。从那一刻起，我的职业生涯仿佛推开了一扇通往新世界的大门，每一幕都充满了无限的可能与探索的喜悦。我学习了很多金融商品基础知识，以及全球经济运行规则，每一天都觉得很新鲜、有趣，甚至会对股市上上下下的红线绿线感到兴奋。

一开始，为了生存，我关注的是如何把金融商品卖出去，在金融行业接受的训练，也大多为销售技巧，每天的工作就是把金融投资工具销售给我的客户。

我因个性活泼开朗，很受客户欢迎。随着全球股市的上涨，我的收入水涨船高，也尝到了买东西可以不用看价格的滋味。但是当时，因为内心极度匮乏，我赚多少就花多少，需要用大量的物质来填补自己内心的空洞，完全没有想到要存钱。

◆ 金融海啸带给我的工作及人生价值反思

2008年的金融海啸，是我人生的转折点。那时我才体会到，原来收入不会一直这么高，大环境不好的时候，收入也会呈现雪崩式的下滑。

也是在那时候，我才发现，其实自己就只是个金融商品销售员，工作中用到的全是销售话术。股市好的时候，我看不见背后的风险，也没有时间去思考这些金融商品的投资属性及风险等级是否符合客户的财务状况。每天都在忙着开发客户的我，根本没有时间好好静下来，看看这些商品背后隐藏的商业本质。

这就如同在医疗的领域里，药厂里有各种各样的药，但是这些药,适不适合客户的体质?客户吃下去之后,会产生什么后果,会不会有副作用?这些是没有人关注的。

为了完成工作任务,为了保住自己的饭碗,我必须一次又一次把这些"药"卖出去,所以我的客户也在无形中做了很多不适合他们自身财务状况的投资。

但是在出现股灾之前,一切都风平浪静,这些隐性风险也都没有浮出台面,没有任何人发现哪里不对劲。而我也在无形中种下了很多坏的财富种子,还不自知。

好景不长,2008 年全球金融海啸,客户损失惨重,甚至有老人退休金惨赔,我的内心充满了无力感与罪恶感。那一刻,我开始质疑自己所做的一切。当我看到太多家庭因此而遭殃,我再也无法为这份工作而感到骄傲和有价值感。

◆ 成为光鲜亮丽的高薪月光族

2012 年,我到中国香港的券商工作,情况还是一样,每天被业绩追着跑,承担着客户投资赚赔的巨大压力,下班后只想通过吃喝玩乐来犒赏自己,花钱也大手大脚,经常买名牌包、名牌鞋。月入数十万元的我,可以把收入花到一分不剩,成了一个妥妥的高薪"月光族",每个月靠刷卡度日。

一开始我并不觉得这样的日子有什么问题,直到有一天,保险公司通知我,我的家庭年度保费是 5 万元,而我赫然发现户头里的存款只剩四位数。我告诉自己,不能再这样下去了。

每天都在告诉客户"如何投资理财,如何财富自由"的我,自己的财却没有理好,连家庭年度保费都缴不出来,这样的我,还要去帮客户投资理财?这岂不是天大的笑话吗?

我还常常为了钱的事情,和丈夫起争执。我们俩对投资都有自己的见解,他是长线价值投资者,而我则是短线进出投机者,这导致我们进出市场的步调不一致。我花钱大手大脚,他则谨慎保守,所以我们常常意见相左,让双方都很困扰,争执不断,心力交瘁。

◆ 看见工作的另一种可能性

就这样在工作与家庭,以及自身的财务还有情绪都一团乱的情况下,我的丈夫根据他在行业内积累的经验,建议我转行成为独立财务顾问,以顾问费替代佣金收入,站在中立位置为客户提供专业咨询和规划建议。

虽然我在金融行业学习了很多金融商品的细节,股票、基金、期货选择权、投连险、理财保险、结构型商品,我样样都懂,但我也成了"人肉产品说明书"。而这些工具如何为客户所用,怎么评估和诊断适不适合他们,客户买了之后就能完成未来想完成的财务目标吗?老实说,我完全不知道。

当我知道我的职业生涯还有另一种可能性时,我决定不再推销金融商品,而是成为一名独立财务顾问,帮助客户建立真正适合他们的财务管理模式。因为后端没有推销金融商品的压力,以咨询顾问费为主要收入来源,我更可以没有后顾之忧地站在中立的角度去协助客户,为他们打造最合适的家庭财务管理模式。

同时，这个技能还可以拿来用在自己身上，为自己家打造出合适的财务管理系统，不用再为了金钱跟丈夫吵架，我自己也可以成为孩子的好榜样，一举多得。

于是，我花了学费，学习如何成为一个不以推销金融商品为目的的财务建筑师，从了解客户的金钱价值观，以及对于未来财务目标的想法开始，弄明白客户在财务上的担忧及恐惧是什么，客户对于自己人生未来的期待又是什么。

再到财务问诊，以及给客户的财务报告书，都是基于客户的想法，加上我和团队专业的诊断，提出可执行的方法及方向，并且通过一年的陪伴及指导，协助客户建构一套适合自己的财务管理系统，仰望星空、脚踏实地地前进。

◆ 开启我的第二人生，成为助人工作者

2016年，我正式从金融行业转行，从一名被业绩压力驱动的销售员，转变为一名教育者和顾问，致力于提高人们的财务素养和改善他们的生活质量。

到现在，我已经协助上千家庭及个人，找到合适的财务管理模式。看着客户从眉头深锁，到看完财务报告书时那种豁然开朗的表情，我发现这真的就是我喜欢做的事情，因为我真的可以用我的专业去帮助别人的生活变得更好。

在我做的个案中，有一对常常为钱吵架的夫妻，在财务问诊的过程中，才发现了彼此真正的想法，后来在财务上达成了共识。看完财务报告书之后，他们各司其职，夫妻同心，其利断金，执

行 9 个月后就发现已经完成了当年的财务目标，全家开开心心地去旅游 20 天，夫妻的感情也更好了。

还有独立抚养孩子的单亲妈妈，想要让自己有一个系统性的管理方式，这样她才清楚，未来赚的每一分钱，要怎么聪明地花、有效率地存，让自己在花钱与存钱之间取得平衡，并且获得安全感，在努力赚钱抚养孩子的同时，对于未来更有方向，保障孩子能安稳地长大，受良好的教育。在我持续陪伴这位单亲妈妈做月度检视的过程中，她建构出了自己的财务管理系统，内在笃定，有方向，有安全感，整个人散发出来的能量有别于过去那个不自信的自己，后来又吸引来了理想中的对象，人生越走越顺利。

另外，还有很多自己创业的个体经营者，在创业初期，不知道自己从上班族转为自由职业的收入要如何估算，保底的收入要有多少才能让自己维持正常的生活，年度营收目标如何预估才能让自己的事业长长久久经营下去，并且完成自己未来所有想要完成的事。

我都根据他们的实际情况，为他们提出了中肯的建议，帮助他们走出了困境。

◆ 目标清晰就是力量

透过完整的财务工程测算，能够看见清晰的财务蓝图。这些在创业初期的个案告诉我，客户们终于可以"明明白白地活着"，因为一切是那么清晰，做的每一步财务决策会让自己的财务模型产生什么变化、自己的财务风险承受力如何，都看得一清二楚。

人对于未知都会感到恐惧，但是当我们清晰地看见自己的财务全貌，即使现在情况很糟，也能知道自己接下来怎么做会越来越好，也就没什么好害怕的了。

2018 年及 2022 年，我分别出了 2 本财经畅销书——《80% 求稳 20% 求飙，低风险的财富法则》《越痛快花钱越能把钱留下来》，把这几年来我摸索出来的一套完整的家庭财务管理方法都写在了里面。

同时，我还创办了菁羚商学院，将自己的服务模式复制给更多人学习。在过程中，我意识到，很多人之所以无法执行好理财计划，是因为内在状态和金钱关系上的障碍。于是我开始了对于"金钱关系"的探索，在系统地学习了心理学创富系统的课程后，我开始帮助学员从内在提升心力，进而与金钱保持良好的关系，获得了学员们的热烈反应和良好反馈。

经过 8 年的耕耘，菁羚商学院已培养出数百位金钱整理师和财务建筑师，协助数千个家庭及个人找到自己专属的财务蓝图。我找到了热爱的事业，也找到了自己此生的使命——帮助更多人摆脱金钱困扰，拥有理想的财富人生。

在创建个人品牌的过程中，我发现了三个核心要点。

1. 找到热爱的事业，拥抱内在使命感

我在金融行业工作时就发现，单纯销售金融商品并不能真正帮助客户，反而可能给他们带来损失。直到后来转行成为财务建筑师，真正用专业知识帮助他人，我才找到了热爱的事业，也找

到了自己的使命。做利他的事，才能长久地在这条赛道上奔跑。

2. 持之以恒，不断钻研和完善

我并没有在一开始就找到完美的服务模式。我通过上千次的个案实践和两次出书，逐步完善并系统化自己的财务管理体系。同时，我每年会付费给一流的老师学习。在一次一对一的咨询中，老师建议我，将原本单一的课程整合成完整的阶梯式课程体系，让学员可以有序学习，降低学习成本，这让我大大提升了课程培训的品质，大幅提升了教学效率和收益，也获得了学员的好口碑。可见，个人品牌的打造需要持之以恒的钻研和完善，付费向高手学习可以少走许多弯路，节省宝贵的时间。

3. 用心体验，提供卓越的客户服务

我之所以能在同行中脱颖而出，很大程度上是因为用心为客户提供卓越的服务。我不仅诊断客户的财务体质并提出可执行的方案，还会花一年的时间陪伴指导，直到客户建立良好的理财习惯及财务管理系统。这种贴心且有温度的全程服务，让我与客户建立了深厚的信任关系。

同时，我也总结了几个创立个人品牌的避坑要点。

1. 不要过度执着于营销包装

很多人在打造个人品牌时，过于追求表面的营销包装，例如网红式的个人形象、夸张的营销语言等。这些虽然一开始或许可以吸引眼球，但缺乏内在的实力支撑，难以取得长期发展。相比

之下，专注于提升专业能力和服务质量，建立内在价值，才是打造个人品牌的根本。

2. 避免落入短视和即时营销的陷阱

有些人在打造个人品牌时，常常过于追求短期的营销效果，缺乏长远的规划。我之所以从金融行业转行成功，很大程度上是因为我具备长线思维。先是重新充实了专业知识，逐步打造出自己独特的服务体系，再辅以营销推广，这样长期耕耘，才拥有了一群信任我的客户，并且客户会帮我转介绍。

3. 不要忽略心力的提升

刚开始创业时，我专注于个人品牌的营销，常常忽略了对心力的提升，时常觉得心力交瘁。在老师的启发下，我不仅在事业层面有了新的突破，在个人层面也得到了很大的成长，实现了个人内在价值的升华。我疗愈了与父母、伴侣以及自身的关系，不再抱怨和压抑，变得更有耐心聆听家人的话语。这种内在状态的改变，让我在工作和生活中都更加从容自在，也让家人对我的事业更加支持。

4. 慢就是快，放慢脚步、心无旁骛

曾经，我由于事业压力过大，常常没有耐心听人说话。学习了心理学创富系统后，我慢下来听家人说话，活出从容淡定。在工作上，我更是沉浸在为学员提供优质的长期服务中，反而取得了更多的好反馈。

我也在创建个人品牌的过程中，发现了自己独特的 DNA。我在服务客户的过程中，意识到每个人对金钱的看法和需求不尽相同，没有放之四海而皆准的"标准答案"。因此，我需要为每个客户量身定制最合适的财富蓝图，从财务体质、人生价值、家庭状况等多方面进行全面评估。

这样的服务模式，不仅要求丰富的财富管理知识，更需要细腻的人性洞察力和沟通能力。通过不断探索和反思，我逐步确立了个人品牌的核心价值："用轻松活泼的沟通风格，帮助人们建立健康积极的财富观；以科学严谨的财务工程，量身打造高价值的财务管理蓝图。"

追求财富的过程，绝不能是枯燥乏味的。我希望更多人喜欢上这个过程，享受其中的乐趣和成就感。我的品牌和事业，说到底就是靠着每天微小的实践和积累，慢慢走进大家的心里，赢得客户的信赖和认同。

此外，我认为每个人都应该有自己的人生导师。

个人品牌创建过程中，我也遇到了许多难题，这让我理解了自知者明，更重要的是要"明自己所未明"。永无止境的学习和蜕变，才是一个优秀品牌的不竭动力。所以，永远都需要有明师指路。

◆ 你的机会就在你做的每一个个案里

创业之初，我对自己的品牌定位不够清晰，我总是将精力过多地放在赚钱的生存模式上，比如该销售多少课程、做多少咨询等。而当我将重心转移到用户的价值和需求上时，一切就开始改变了。

我开始主动去了解用户的痛点，并提供切实可行的解决方案，用户量和个案量自然而然就多了起来。我理解了，品牌的价值不在于我们能卖出什么，而是由用户决定。只有真正站在用户的角度思考，提高服务的价值和有效性，品牌才能获得持久的力量。

过去，我总是活在热情和焦虑的两个极端，像陀螺般不断旋转，以至于家庭事业两头堵。我知道这种状况不能再持续下去，我必须做出改变。无论外在世界如何运转，如果缺乏对内在的关注和修炼，品牌和事业都难以走远。

我学会了认识和面对真实的自己，重新审视工作带给我的压力，并从中解脱出来。学习能量管理后，我变得更有耐心，更善于倾听他人，与家人的关系也得到了极大改善。这种从内而外的改变，不仅让我重获新生，也让我的品牌更加强大，真正能够影响并改变他人的生活。

在创建个人品牌的路上，我学到了重要的一课："品牌不是你告诉别人你是谁，而是你通过行动展示你是谁。"我从一名金融商品销售员，成长为一名财商心理创富导师，这一路上，我的每一个小小坚持都为我的品牌添砖加瓦。现在的我，不仅是一名财务顾问，更是一名信念传播者、梦想建造者。

成长篇：

成长是生命最重要的意义

刘美超：金融保险行业数字化付费咨询的引领者

> 成长，就是生命最大的意义。

中国石油大学法学硕士，鼎安风险管理咨询公司创始人，作为金融保险行业数字化付费咨询的引领者，她以知识为翼，培育无数精英，打造亿元保费团队，培育顶级咨询师；作为社群意见领袖，她持续7年活跃在八大社群；作为教育者，她教书育人，影响5000多名学生；作为译者，她曾为奥运会服务，展现大国风采。

作为持续百万圆桌TOT顶尖会员，屡获国际保险节白金殊荣，更荣登胡润保险全国典范人物榜单，拥有国家理财规划师与国际金融人才金牌讲师的双重身份，成就数字化咨询传奇。

每个人从出生的第一天起，就会面临的一项功课，就是成长。身高体重的增加、从牙牙学语到可以叫出"妈妈"、从满地爬到直立行走……成长，伴随着我们的每一天。

在成长的道路上，你会遇到这本书中的每一个不同角度的课题，无论是梦想、信念、感恩、精力、身体、情绪、心灵疗愈、勇敢、坚毅还是关系和家庭，我们在这个世界上，无时无刻不面临各种维度、角度、领域的成长课题……

回首过往，我最大的感悟就是：人生没有白走的路，每一步路都算数，走过的每一步都在我成长的道路上留下了痕迹。

在这条漫漫成长路上，我和手捧这本书的你一样，有过恐惧、担忧，有过彷徨、无措，有过迷茫、焦虑，有过歇斯底里，有过太多风雨交加的夜晚和不眠之夜的拼搏奋斗。所有的酸甜苦辣、悲欢离合都沉淀成了生而为人、修炼独立健全人格的成长之路。

借此机缘，我将我的故事毫无保留地分享和萃取出来，送给有缘读到的你，希望我的经历和总结，可以给当下的你一些智慧的启迪，为你前行的路多点上一盏驱散黑暗的明灯。愿你可以早日像我一样，突破生存的底层恐惧和欲望，真正实现生活品质的升级，以及找到此生存在的意义和价值，不断修炼自己的内在心性和外在能力，在自我合一的道路上越走越远。

◆ 生存智慧的成长

作为一个有血有肉的人，当我们来到这个世界上，本能拥有的就是生存的最底层需求：吃喝拉撒。比如呱呱坠地的婴儿，本能就是张嘴找奶吃、饿了渴了会哭泣，等等。

随着年龄的增长，我们的脑神经回路中会被强化很多和生存挂钩的潜意识行为，比如因为害怕爸爸妈妈的责罚，本能的求生意识就会让我们听爸爸妈妈的话。还有害怕危险的动物、害怕不确定的事、害怕分离，等等，都反映了我们在生存层面的安全需求。

所以，从心理学的角度看，在这个时期成长是一个安全感和配得感的构建过程。大部分 1990 年之前出生的孩子，由于家庭教育在原生家庭中的缺乏，以及没有专业的学习和认知，在这方面是非常缺失的，所以会呈现出在财富关系、金钱关系上根深蒂固的生存意识状态，而这种固有的生存意识状态，带给了我们从小到大在生活、学习、事业上非常深重的习得性影响。

◆ 清晰量化的梦想和目标

1. 最初拥有的只是梦想和对自己的信任

很多人没有成功，并不是他不能成功，而是他根本没有想过要成功或如何成功。生命中很多的事情，最初的起点只是一个梦想，以及没有理由的笃定和相信，但是，所有的一切，又都是从这里出发的。

我出生在河北省秦皇岛市卢龙县的一个小镇。记忆中，父亲是一个非常正直、勤奋的人，工作之余，还在镇上做家具小生意。母亲是一个非常爱分享、热心肠的人。

小学阶段，虽然吃饭的时候父母经常对我说："你要好好读书，将来才可能出人头地。"可是，我对读书却一点儿兴趣都没有。如果有人在那个时候问我的梦想是什么，我想我会告诉他："长大后当一个像我爸一样的小老板。"

但是，当我稍微涨了几岁，开始帮助父亲一起出摊儿做生意、一起招呼客人时，我才深刻体会到做小本生意的不容易——无论严寒酷暑，都要很早就把摊位摆出来，接待络绎不绝的客人、帮客人组装家具、安排装车，等等。很多时候根本没有时间吃午饭和晚饭，早上要把一件件家具搬出库房摆好，晚上又要把一件件家具搬回库房归置整齐……日复一日。帮父亲看摊位时，我就喜欢在旁边书摊上拿一本书去读。对我影响最大的一本书，是路遥的《人生》，书中有一句对我至今仍然影响至深的话：人生的道路虽然漫长，但紧要处常常只有几步。

伴随着童年和学生时代的经历，我开始真正去思考，未来我到底要去向哪里？于是，高中阶段，我开始努力读书，积极参与社团活动，成功竞选成为班级的文艺委员、团支部书记、学生会主席、小记者团团长，开始了自己的追寻梦想之路。我有了一个尚有些模糊的梦想——成为一名有影响力的传播者。

到了大学和研究生阶段，这个梦想越发清晰，我获得了学校的各种主持人大赛的一等奖、"最佳辩手"称号、职业生涯规划设计大赛一等奖，等等。说这些不是想回溯自己有多优秀，而是想客观地去看，当一个人的梦想越大、越清晰的时候，人就会自动自发去行动、去成长，哪怕只是在当时那个时代、年代，出于对未来走向社会的生存状态的期待的一个梦想和目标，都是非常有意义的。它指引着我开始真正为自己负责，开始以一个独立的人的身份去摆正自己的位置。

2. 人生取决于我们看过的书和见过的人

如果我们的人生还没有发生巨大的改变，那一定是因为我们还没有找到人生的榜样，所以不清楚我们将何去何从。当我们找到了榜样，我们就有了奋斗的目标和前进的动力。

回首自己在事业领域的成功，无不来自每个时期遇到的"贵人"给予的支持、引导和智慧的启迪。

在职业生涯的初期，我的第一份工作是在环球雅思，从课程咨询到教学管理、教学研发，再到全能雅思教师，一路的成长都来源于公司的董事长张晓东女士的引领。她让我见证了一个成功女性自强不息的智慧成长之路，无论在教育培训市场全力以赴，还是在资本市场中智慧规划和全身而退，都使我深受启发。

10年的雅思教师之路之后，2018年，命运的齿轮又开始转动。我因为家里人的重病和意外，深刻感知到了保险专业服务和财务风险管理的必要性，于是，决定将金融保险行业作为未来30年的事业方向，由此也结识了人生中的第二个职业生涯导师——大童保险副总裁李晓婧女士，让自己又从不同角度学习到了一个卓越女性的厚德载物的智慧，无论是对生命、生活的敏锐感知和分享，还是在工作和事业上的聚焦、与时俱进的创造力，都让我获得了在生存领域用心做好事业的智慧。

10年以来，我看过无数的书籍，见过无数的人，听过无数次演讲，参加过无数培训，我不敢肯定是因为学到了什么才让我有了今天的成就，但是有一本书《思考致富》对我影响深远。人生中有很多偶然，但这些偶然又往往注定了必然。

这本书中的"往下三尺有黄金"的故事深深触动了我，我将其中最触动我的文字分享给有缘看到的你。

在西方"淘金热"时期，有一位青年叫达比，他有个叔叔也迷上了"淘金热"，只身跑到西部去挖金矿，想实现他的发财梦。他到达那里后，就请领了一块土地，拿着铁锹和十字镐，动手开挖。苦干好几个礼拜后，他发现了金灿灿的金矿，颇有收获，但他没有用机器把矿砂弄到地面上，而是不声不响地埋了矿，回到他的家乡马里兰州的威廉斯堡，把他的发现告诉了亲友，并集资购买了机器。

达比也跟着叔叔去挖矿，把挖出来的第一车矿石送到了冶金厂提炼，结果表明，他们挖到的是科罗拉多最丰富的矿藏之一，只要再多挖几车，他们就可以清偿所有的债务，之后的进账将多到难以想象。

挖金的钻狂往下钻，送上来的是这群人的希望。但是大事不妙，矿脉突然间踪迹尽失。他们不停地钻，拼死拼活想找回矿脉，结果却徒劳无功。

最后，他们无奈地放弃了挖掘，并把器材以区区数百美元的价格卖给了一个旧货商，然后搭火车回家。

接下来的故事是，这个旧货商邀请了一位开矿工程师去看矿坑，做实地测量。结果发现，原计划之所以失败，是矿主不熟悉"断层线"所致。据工程师推断，矿脉就在"达比歇手的三英尺处"。结果，矿脉果真就不偏不倚地出现在了再往下三英尺处。这位旧货商人因此从该矿赚取了几百万美金。

读完这个故事后，我深受启发。与其放弃之后一事无成，不如坚持到底。它也给了我一个人生指引："我这一辈子一定要成功，一定要过更好的生活。"我当时给自己定的目标是：一定要成为百万富翁。非常幸运的是，我人生的第一个 100 万元就是在 2018 年赚到的，当时我 30 岁。

无论是曾经的教育行业，还是如今的保险行业，于我而言都是一份关于咨询的事业。回首过往，我已经在咨询这个行业深耕了 16 年，而我最初的梦想是成为一个有影响力的传播者，这份最初的梦想也因我真的成了一名教师和金融传播者而愈发清晰和落地。

3. 人生最怕的是失去"老虎的眼睛"

电影《洛奇》中史泰龙主演的 34 岁的老拳王洛奇，在一次卫冕失败以后萌生了退意，他不再争强好胜，只想与妻子、儿子宁静地享受生活，没有了继续打拳的动力。这时候，他的昔日对手阿波罗，也是前拳王，鼓励他说："洛奇，你知道你现在缺少的是什么吗？就是你以前战胜我时那双老虎的眼睛，是那种渴望胜利的眼神。但是现在，这种眼神没有了。我们现在要做的，就是把那双老虎眼再找回来！"最终，洛奇在阿波罗的帮助下重新夺回了拳王的宝座。而片中的那首主题曲《老虎的眼睛》也被广为传唱，成了一首经典的励志歌曲。

在我的人生中，曾经有一段迷失的日子，那是一段让我每次回想起来都觉得有点儿不好意思的日子。那段日子源于我不知不觉中成了"百万富翁"，那是一种以前的我从来没有过的感觉，说白了，那是一种虚荣心，是一种活在底层被压抑已久的欲望的宣泄，更是一种无知的表现，主要是因为当时我没有见过世面，没有更大的追求。

有人说：有梦想的人晚上睡不着，没梦想的人白天睡不醒。静下心来，我发现自己真的不是很喜欢现在的生活，但我又不知道什么样的生活才适合我。下一步我到底要何去何从？我不知道。我每天都在重复着不喜欢做的事情，但我从来没有问过我自己，我到底要成为什么样的人，更没给自己定一个更高远的目标，我想，这就是我当初之所以迷失的最大原因吧。

失败都是在自我感觉成功的时候开始的。当一个人感觉自己无所不能的时候，马上就会走向失败。可能因为年轻气盛，认为自己无所不能，加上之前的成功经验让我松懈了，我以为只要我稍微努力一下就可以把事业做好。其实，这种认知是错误的，因为我根本没有想过我到底要成立一家什么样的公司，更没有想过我要成为一个什么样的人。

4. 拥有识别贵人和把贵人变成家人的能力

我们在一生中，一定会遇到某个人，他打破了我们的思维惯性、改变了我们的习惯、成就了我们的未来，我们称之为"贵人"。

在自我成长学习的道路上，我深深感恩我的贵人——佘荣荣导师。和佘荣荣导师结缘是在 2021 年，从金钱关系师的学习再到引爆财富六合力、魔法清单，以及最后对自己逐步深入地看见，我了解了自己的天赋属性。与此同时，每一次和佘荣荣导师的沟通和交流，也在不断拓展我的思维和认知。

佘荣荣导师的利他思维、学习落地和再输出的习惯不断影响和感染着我，让我拥有了更广阔的视野、更高的使命和更大的格局，让我不仅是一名金融保险咨询师，还可以成为客户的心理陪伴师、智慧赋能师，成为团队的疏导师以及生涯规划师。

在这里，我想分享在四个维度使我受益匪浅的句子，希望也能对正在读这本书的你有所启发。

第一个维度：选择"三圈交集"的行业

每颗珍珠原来都是一粒沙子，但并不是每一粒沙子都能成为一颗珍珠。起点可以相同，但是选择了不同的拐点，终点就会大不相同。

与其与马赛跑，不如找一匹好马，骑在马上。当马到达时，我们也就到达了。这种骑在马上成功的方法叫"马上成功"。

没有不赚钱的行业，只有赚不到钱的人。但是不是所有行业赚的钱都一样多。在特定时期，人们需要特定的产品或服务，只有提供符合人们需要的产品或服务，才有可能赚到钱。

第二个维度：修炼一门真正属于自己的技术，成为专家

很多时候，不是我们想飞就能飞的，更多的时候是看我们自己准备好了没有，同时要看自己是不是长了翅膀，否则，我们是不可能会飞的。

想要得到别人得不到的荣耀，就要忍受别人耐不住的寂寞。华丽蜕变的光环背后，总会包含常人难以承受的辛酸。一生中，总有那么一段时间需要你自己走、自己扛，不要感觉害怕、孤单，这只不过是成长的代价。

人生就像在大海中游泳，困难会像浪潮般汹涌而来，只有当我们学会游泳时，才能笑傲江湖！

你还没有成功，是因为需要你的人太少。为何别人不需要你？因为你没有绝活儿，可以随时被替代。当别人开始依赖你时，你就离成功不远了。依赖你的人越多，你就越成功！

第三个维度：学会团队合作，彼此成就

你的一生中，一定会遇到一群人，他们点燃你的激情，觉醒你的自尊，支持你的全部，我们称之为团队。

拿破仑·希尔说：没有平台，能力无足轻重！一个人若想成功，不是组建一个团队，就是加入一个团队！在这个瞬息万变的世界里，单打独斗者的路会越走越窄，只有选择志同道合的伙伴，才会走向成功。

用梦想去组建一个团队，用团队去实现一个梦想。人因梦想而伟大，因团队而强大，因感恩而充满力量，因学习而改变，更因行动而成功。

世界知名的潜能激发大师安东尼·罗宾说："这个世界上赚钱的行业很多，但没有一个行业比帮助别人改变命运、帮助别人成功来得更有价值、更有意义。"

第四个维度：培养高情商，舍得分钱

商业的本质是"交换"，只有创造被利用的价值，才有资格和别人交换，你能让多少人获得利益，就有多少人帮助你成功！

这个世界上有很多人有能力帮助你，但为什么他们没有帮助你？你需要给他们足够的理由，告诉他们帮助你就等于帮助他们自己。

影响我们成功的最大因素不是智商，而是境界。合作的本质是"分",只有"分"得清楚,才能"合"得愉快。一切没有建立在共同利益基础上的合作,都不能称为合作。

基于生存意识状态之下生存智慧的成长,你会发现,生命的价值不在于你的出身,而在于你谱写出什么样的人生。

◆ 提升你的生活品质

伴随我们物质财富的增加、家庭所处阶段的变化,满足了马斯洛需求理论中的生存需求之后,我们自然会追求生存意识状态和生活方式之间的一种平衡,从而让自己真正和自己在一起,感受自己的内心需求,从外在的物质需求走向自己内心的实际需求。在这里,我与大家分享几个在生活品质提升中可以改变的意识状态。

1. 物质极简:控制购买欲,一切从刚需出发

我们应该控制自己不理智的消费观念,量力而行,量入为出,适度消费。

一方面,我们要根据自己的需求挑选和购买适合自己的好的东西,不贪小便宜、囤积不需要的东西;另一方面,不要盲目攀比,不要去羡慕别人拥有的。

囤东西、囤课本身也是一种生存意识状态下的恐惧和深深的不配得感导致的行为。当我们看见这样的模式时,就可以尝试去调整和改变原有的行为模式。

家中定期断舍离,清理该扔掉的东西。有的东西我们总想留着、囤着以后用,最后不但没用上,还占地方,也慢慢增加了家

务量。因此，我们需要定期进行大扫除，家居生活也要做减法。

2. 信息极简：删掉从不看的 APP，退出从不读的群聊

生活中，有的时候我们会感觉思维有些混乱，杂念越来越多，有可能就是因为信息过剩给我们带来了太多负荷，各种无意义的外在信息在绑架着我们的行为和生活。

删掉从不看的 APP，退出从不读的群聊，摒弃无用的信息，把时间放在提升自己上，多读书多学习，还自己一片宁静。

3. 交际极简：拒绝无效社交，尝试享受独处

将自己有限的精力与时间花在值得的人和事上。

学会筛选自己的朋友圈，不是所有人都适合交朋友，远离消耗你的人和事，留下三观相合、谈得来的朋友。与其花费大量时间去结交别人，不如努力提升自己，学会享受独处，丰富自己的精神世界。

耐得住寂寞，守得住繁华，最终会变得更好更优秀。

4. 情绪极简：停止精神内耗，戒掉冲动

事情发生了，解决的关键在于我们自己的心态。

我们要学会控制情绪，保持平常心，不因为一时的情绪失控就伤及无辜，造成不可挽回的后果，也不因为一个过不去的坎儿堵在心里，让自己心绪杂念多。

学会以积极的心态应对一切，学会自己成全自己，做情绪的主人，同时要找到适合自己的方式去释放压力，宣泄消极情绪，以平常心对待无常事。

5. 表达极简：不妄加评论，不轻易许诺

不要轻易对自己不了解的人和事妄加评论，因为我们很可能只看到了人和事的一面，这时候的评论有失偏颇，也可能给对方造成麻烦。更不要倚仗自己在某一方面的优势而轻视他人。

对自己没有把握的事，不要轻易地许诺，一旦做不到，就会降低别人对你的信任度，也会影响别人日后对你的态度。

6. 生活极简：规律作息，健康饮食

充足的睡眠是天然的保养品，早睡早起不熬夜，作息规律，保证充足睡眠，人的精神状态就会更好，有利于提高工作效率。

健康饮食，清淡饮食，荤素搭配，才能保证身体吸收到充足的营养。不抽烟，少喝酒，保证身体健康。

7. 心态极简：放下往事，立足当下

一个人痛苦的根源，就是想的太多。

对于过去事情，该过去的就让它过去，既然已经发生，那么我们就坦然面对、接受，只有旧的事情过去了，新的事情才能开始，我们要用最好的心态去拥抱现实、接受未来。

人生没有一帆风顺，对于苦难和挫折，我们应该积极面对，执着于过去的好与坏，就永远走不出心里的阴影，最终会害了自己。

💎 生命的意义——成长

生命周期的概念最早可以追溯到 20 世纪早期，不断有学者对生命周期进行预测和分析，比如弗洛伊德、埃里克森等，越来越多的学者都提出了自己对生命周期的见解。

人生每个阶段赋予我们的生命成长意义都有所不同，然而那也都只是一段经历、一段体验而已，我们可以活出不一样的版本，用智慧和勇气去面对每一段相遇，用心去感受生命的成长与蜕变。

对大多数人而言，成长并不是件轻松的事情；然而，想在生命中获得成长甚至成功，必须作出坚定不移的改变。

要切实地相信自己会成功，并且愿意为自我更新与改变付出踏实的努力。

在某一或某些阶段，你是不是觉得生活中充满了挫败感，生命一片空白，毫无意义？明明过着真实的生活，却仿佛在看一场电影，那些灯红酒绿、功名利禄、爱恨情仇和你毫无关系，对你毫无吸引力。你觉得自己像一棵孤单的树，与这个世界失去了联系，无声地静立，没有喜好，没有人在乎你的悲伤与快乐，没有人理解你，甚至连你自己也分辨不出自己是悲伤还是快乐的。你明白眼前的一切都很好，只是你不快乐，对自己、对生命、对生活感到深深的绝望。

有人说，这其实是抑郁状态。偶尔的抑郁情绪或折磨人至深的抑郁症，都是令人沮丧的、痛苦的。新冠疫情这几年，我们越来越习惯独处，越来越习惯与虚拟的网络世界交流，越来越沉溺于精神内耗,那些实实在在能被自己感知的劳动、汗水、成果越来越少,越来越飘渺,生活的意义好像也越来越虚无。我们越来越感受不到快乐,找不到人生的方向。抑郁,就这样猝不及防占据了我们的心。

我时时、常常绝望。就这样抑郁着、痛苦着、拧巴着。直到我注意到那棵树。

十月的天空蔚蓝,日日上班经过的路边,是大片未开发的土地,形成一片苍茫的荒野,零星点缀着一棵棵树,在蓝天的映衬下,形成一幅开阔壮美的图画。这里,也是鸟的天堂。无数或大或小的鸟儿从草间、树上独自或成群飞过,划破天空的宁静。它们散落在树木间,叽叽、喳喳、嘎嘎、咕咕的婉转鸣叫声,让天地更旷远,树木更幽静。

我看着那些和我一样孤独的树,忍不住想:它们快乐吗?它们的生命有意义吗?

意义,一棵树能有什么意义?有一天,这里的土地会被开发,它将被挖掘,或被移植,或被掩埋,前途未卜。也许它天生木然,什么也不知道,什么也不懂。但它应该是快乐的。春天,草木葳蕤,它的枝头抢着冒出嫩红色的芽儿,一片生机勃勃的模样;夏天,它枝繁叶茂,绽放着层层叠叠的绿;秋天,在寒流笼罩下,它的叶子变黄、变红,呈现出如火似锦的壮美,一阵冷风吹来,树叶飘落,也是一种翩翩起舞的轻盈姿态;冬天,冰霜覆盖,它以一种不屈服的姿态,在凛冽寒意中傲然招摇,蓬勃的生命力恣意地流淌。

树什么都不知道。它扎根土地,吸收阳光雨露,倔强地成长出一片绿荫，遮住了风，挡住了烈日，净化着空气。它成了鸟儿的家，成了我们的风景。

是谁说自己像一棵树，不会交流，没人在乎，活着毫无意义？

或许，我们都理解错了。因为，一棵无人注意的孤单的树，却一直在努力向上生长。它可能无知无觉，却已给人带来绿荫、庇护。就像一朵花，它也许看不见自己绽放时的美丽，却让世人闻到了花香，惊异于它的美丽。就像你的成长，你还在苦恼于自己的平庸，我们却看到了你的健康、善良、幸福。

最亲爱的人，最可爱的生命，不要怀疑自己，努力地生长吧。你生命的意义，在你不知道的地方。相信自己，你最珍贵。

成长，就是生命最大的意义。

择业篇：

选择是一种心态、一门学问、一套智慧

赵玮玮：点亮心路，智慧同行

> 选择新的航道，尝试未曾涉足的方法，让认知与思维在挑战中蜕变升级。

赵玮玮，深耕心理学与家庭教育领域，是国家二级心理咨询师、婚姻情感咨询师等多项专业认证持有人。她，曾在体制内工作16年，但心中热情如火，于2013年投身心理咨询与家庭教育，2016年创立潍坊水木星空心理咨询有限公司，助力6000多对夫妻重拾幸福。

作为央视强国品牌女性力量美学签约导师，她不仅开办线下讲座600余场，线上授课超5000小时，更荣获山东省最美婚姻工作者等多项殊荣。赵玮玮，用心理学之光，照亮每个家庭，用爱与智慧，助力千万家庭过上富足而喜悦的生活。

我们永远无法活出自己认知以外的人生，因为我们每天都在做自己认为正确的选择。

在我 44 年的人生履历中，我经历了 4 次人生转折。每一次转折都是因为做出了某个选择，同时为这份选择负责。

命运齿轮的一次次转动，从一个个大大小小的选择开始。

因为不想像周围的人一样，每天重复地做面朝黄土背朝天的工作，所以，在求知欲旺盛却贪玩的年纪，我选择抵制诱惑，努力学习，考上大学，毕业后成为一名可以捧着"铁饭碗"的人民教师，这是命运的第一次转折。

但我不想只做一个传授知识的教师，我希望成为一名家长信任、学生喜欢的温暖有力量的老师，于是我工作之余，选择学习家庭教育和心理学，提升工作专业上的温度和广度，这是命运的第二次转折。

热爱心理学，怀揣普及心理学知识、赋能家庭的使命，我由兼职跨步至全职创业，成就人生第三次重要转折。

公司稳健前行八年，我经常困惑，还有哪些发展和突破的机会，我开始寻找突破口，从一个只深耕专业的心理人，转变为一个左手心理学、右手商业的心理学创富企业领航者，开启人生第四次重要转折。

◈ 选择，是一门学问

1980 年，计划生育工作严格起来，在一个偏远的农村，作为家中已有两个姐姐后又出生的第三个女孩，我自然会有一些心理人都会懂得的童年创伤。

但是幸运的是，我的父母，尤其是父亲，并没有因为我是女孩而剥夺我的受教育权。从小我就背负满满的期待，期待通过努力改变自己和家族的命运。

命运总会眷顾那些把准备和努力写进生命中的人。很幸运，我成了一名捧着"铁饭碗"的人民教师，在三尺讲台写下十六个春秋。

对教育事业的深厚热爱，驱使我不断努力成为一位能温暖心灵、激发潜能的老师，我渴望教学工作能触及学生的灵魂深处。为达成这一目标，我热衷于利用业余时间研读教育书籍，期望从中汲取智慧，以更科学的方法和更丰富的情感投入到教学实践中。

然而，随着实践的深入，我逐渐意识到教育的复杂性与挑战性远超最初的想象。即便我倾注全部心力，依然面临诸多困境：如何让每个学生在课堂上都找到快乐的源泉，如何让每个学生都能保持对知识的渴望与对学习的热情，以及如何引导每个学生形成积极向上、符合社会主流的价值观，这些都是极具挑战性的难题。

深入分析原因，我认识到教育不仅仅是知识的传递，更是情感的交流、人格的塑造与价值观的引导。每个学生的背景、性格、兴趣及学习能力各不相同，这种差异性要求我们采用更加个性化、多元化的教学策略。同时，外部环境、家庭因素、同伴影响等也对学生的成长产生深远影响，这些都是单一的学科教育难以完全扭转的。

因此，要有效应对这些挑战，除了不断提升自身的专业素养与情感教育能力，我还需要更加注重家校合作，营造良好的班级氛围，鼓励学生之间的相互支持与学习。同时，持续探索并实践那些能够激发学生内在动力、促进全面发展的教学策略与方法，努力让每一位学生都能在成长的道路上感受到被理解、被尊重与被支持的温暖力量。

带着问题，我开始更大范围的学习和探索，开始读家庭教育和心理学相关的书籍，在书中找寻答案。每次捧读心理学书籍我都会非常痴迷，也就是在那样的时刻，我萌生了想要学习心理学、考个心理咨询师执业证的想法。

但我的初心和想法最初并没有得到周围人的理解，甚至因为埋头读书和学习，在当时的环境中，我显得有些格格不入。

当时我身边没有从事心理学相关工作的人，于是我借助互联网定向搜索相关专业人员，和一位心理学老师在网上沟通了3天，感觉彼此有相同的价值观和使命，相信未来可以一起用心理学提升更多孩子和家庭的幸福指数。

于是，我选择相信这位老师，交了人生中第一笔为热爱而付的学费。这笔学费相当于我和爱人两个人一年收入的总和，而且那时我们没有积蓄，既有房贷又要育儿，只能借钱交学费。所以我非常感激爱人对我追求梦想的支持。

因为热爱，我放弃了一些与梦想不相关的事情，比如一些不太必要的聚会和娱乐活动，每年的五一、十一和寒暑假，我几乎都是奔走在去学习的路上。物质投入和精力都专注在一件事上，而且12年如一日。

持续并专注地做一件事，1万小时定律，我做到了，命运的馈赠也非常丰盛，在很多人对心理咨询还有很多排斥和不认可的时期，我通过自己的努力和对心理学的科普，收获了超过全国大多数心理人的成果。借助互联网，我做全国各地和海外留学生的咨询，我的粉丝和学员越来越多，转介绍的个案越来越多。热爱使我的事业得以持续发展。

在2016年，我萌生了辞职创业的想法，并再一次得到我爱人的支持。我觉得自己真的太幸运了，太会选择了，选择了一个永远支持我追梦的爱人。

因为有多年的粉丝基础，积攒了很多成功个案，所以尽管创业路上遇到非常多的挑战，我的公司还是发展得非常稳定，也因为我一直坚持做公益科普和宣讲，我在业内的口碑和知名度非常高，8年来荣获近20次各级政府嘉奖。

为了确保公司稳步发展，为了提供更超值的服务，我一直坚持拜师学习。品牌是卖出来的，想要卖得好，必须口碑好，想要口碑好，就要有超值服务，让顾客真正感觉买到就是赚到，这是我一直恪守的原则。

精进专业就是最好的回馈。而好的产品，卖得越多，受益的人也就越多，这是我之前意识不到的。因为心理人多少都有一些清高的误解，认为心理咨询是充满爱的、助人的工作，在营销和销售方面有非常多的自我限制。持续学习帮助我打破了这些限制。

◆ 成功总是青睐认真工作、积极进取的人

自学习心理学的第一天开始，我便秉持着学以致用的原则，

实现知识与智慧的即时转化与输出。每一分学费的投入，都化作了对学生及家长的有益滋养。在班级教学与管理中，我不断将所学应用于实践，不仅针对学生个性化需求调整教学策略，还在家长会上提供专业见解与实用建议，此举极大地提升了家校合作的默契度与效率。

随着我不断向家长传递专业与关怀，收获了他们由衷的感激与信赖，这种正向反馈如同催化剂，不仅让我的工作变得更加得心应手，还极大地增强了我对教育事业的热爱与信心。这份选择与坚持，在良性循环中愈发坚定，照亮了我前行的道路。

后来，我借助互联网做公益直播，做一对一精准咨询服务。我要把热爱的事情做一辈子。

为了将个人专业所学有效赋能并惠及更多个人与家庭，我始终致力于探索与实践最佳路径。起初，教师这一职业确实为我提供了宝贵的实践平台，它不仅让我有机会将理论知识付诸实施，还通过学生的反应与家长的反馈，不断检验、调整和完善我的教育理念与方法。这一过程无疑加速了我的专业成长，并促使我更加深入地理解教育的本质与意义。

然而，在深入实践的过程中，我也遭遇了误解与挑战。部分家长可能会将我所秉持的先进教育理念与专业知识视为学校或教师为应对师资不足而采取的托词，这种认知偏差无疑为我的工作增添了不小的阻力。面对这样的挑战，我意识到，仅仅依靠单方面的努力是不够的，更需要通过有效的沟通策略与家校合作机制来打破隔阂，增进理解。

因此，我开始更加注重与家长的沟通与交流，采用多样化的沟通方式（如家长会、家访、微信群等），主动分享教育资讯、成功案例与科学育儿知识，力求以事实为依据，以数据为支撑，展现专业知识的力量与价值。同时，我也鼓励家长积极参与到孩子的教育过程中来，通过亲身体验来感受教育理念与方法的实际效果，从而逐步建立起对我工作的信任与支持。

通过这些努力，我逐渐克服了初期的阻碍，不仅赢得了更多家长的理解与认同，还成功地将个人专业所学转化为帮助更多个人与家庭成长的力量。我相信，只要我们坚持不懈地追求教育的真谛，用心去关爱每一个孩子，就一定能够让教育之光照亮更多人的心灵。

◆ 有能力选择的同时，也要有能力放弃

为了更好、更中立、更专业地开展工作，2016年大年三十，我做了人生中又一个重大的选择——辞职创业。有很多人不理解，甚至有很多人并不看好，毕竟当时的市场并不成熟，大众对于心理学和心理咨询接受度不高，对心理问题有非常强烈的病耻感，即使未来前景可能非常好，但当下很艰难，会有非常多的不确定性。但辞职创业的种子种下了，就会在内心中生根发芽，再加上爱人的支持，我在辞旧迎新之际，遵从内心的选择——把热爱变成了一生坚持做的事业。

我是本地第一位辞职的教师，而且是一位中年女教师，做出这个决定并不容易，意味着要过与以往不同的人生，要对自己的人生负起更全面的责任。我知道我在心里已经做好了充分的准备。

◆ 选择力 + 相信力 + 执行力 + 长期主义 = 你想要的理想人生

回顾自己从贫寒农村长大，到中年辞职创业并且公司稳步发展，我认为我最核心的能力，是超强的相信力和选择力。

2022年底，公司稳定发展，我却感到了迷茫，因为我发现无论我如何努力，想要让公司上一个更大的台阶都很难，而根据以往的经验，但凡迷茫的时候，都是我要提升的时候，因为凭借我已有的认知和方法，我只能获取现在的结果，而想要获取更好的结果，只有通过学习充电来提升认知和思维，我决定跟随佘荣荣导师学习。

在没日没夜地学习后，我意识到原来自己对于商业是那么无知，原来自己公司这么多年的发展凭的全是最笨的方法。如果有商业思维做翅膀，内修思维，外修营销，我的公司一定会提升几个大台阶。

2023年，如我期待的那样，公司在成立8年的这一年有了非常大的突破和增长。但我深知，仅靠自己做一对一的服务是很难实现这个愿景和使命的。

自2013年起，我便积极利用腾讯课程（现在的腾讯会议）、YY、沪江网校及微信社群等平台，广泛传播心理学知识，不仅赢得了广泛认可，还成功实现了知识变现，这段经历成为我后来勇敢辞职创业的坚实基石。转型后投身提升本地居民幸福指数工作，8年来依托本地妇联、公会、教育平台开展了600多场心理学科普讲座，因时间精力有限，我暂时搁置了互联网知识付费的板块，导致过去构建的网络基础逐渐消失。

时至今日,知识付费市场的生态更加成熟,门槛也相对较低,这为我重启课程交付提供了绝佳契机。鉴于此,我计划重拾旧业,依托当前更为便利的互联网工具与平台,精心打磨并推出新的心理学课程。此举不仅旨在重温过往的辉煌,更希望借此机会为更多渴望成长的心灵提供养分,同时也为自己的专业之路开辟新的篇章。我相信,凭借过往积累的经验与口碑,结合当前市场的有利条件,我的课程交付定能再次焕发活力,实现知识与价值的双重传递。

一系列的发展证明了我的相信力和选择力是多么重要,人生从此肉眼可见地跃升。

◆ 商业是向善的,就会越做越大

当你的商业是向善的,你的商业就会越做越大。当你成功了,有更多的人因为你的成功而获益的时候,就会有更多的人希望并助力你成功。秉持这样的理念,我在给每一个学员和来访者提供服务的时候,都会努力做到超值交付,让对方付费后有"赚大了"的感受。所以,几乎所有的成交都是建立在"赚大了"的基础上,对方用一定数量的金钱换来了超值的商品或者服务,这样成交就会持续下去。

2024年,为了让自己的时间更高效、更有价值,用单位时间服务更多的人,我把自己深耕12年的技术融合到新开发的"六合生命教练"课程体系中,通过课程交付的方式培养更多的人成为自己的人生教练，同时有能力为别人赋能，成为别人的人生教练。

"六合生命教练"课程体系从自我关系、亲子关系、婚姻关系、原生家庭、金钱关系、事业发展六个维度全面提升一个人的综合能力，全面提升幸福力和幸福感。

一个人即便再努力，能够影响和赋能的人也是有限的，通过培养六合生命教练，培养更多可以赋能他人生命的教练，传播的力量就会无限大。

每当想到，每多一个人报名课程学习，就会多帮助一个人、多帮助一个家庭，就会有更多的家庭变得更好，就会有更多的孩子不需要用一生来治愈童年，我就会觉得这件事非常有意义和价值。

💎 没有人是天生的成功者，最终结果的不同源于选择的不同

纵观人生，每个人都会面临各种各样的选择，小到早上几点起床、早餐吃什么，大到求学、择业和选择人生伴侣，其实每一个选择都代表一段不同的人生路，而人生的不同就是大大小小选择的结果。比如选择 5 点起床的人，就比大多数人每天多出 2 个小时的学习和成长时间；选择自己喜欢的专业和职业的人，在工作中就多了一些获得感和成就感。

做出选择意味着要承担责任，需要果断和勇气，绝大多数选择都是当下很难一眼看透结果的，中间的很多尝试甚至有"赌"的成分，敢于直面失败、承担失败结果的人，才更有资格品尝成功的喜悦。能够勇敢做出选择的人，都是有足够承担力的人。

人生很多关键时刻的选择，就是人生的分水岭。每一天，可以选择追求热爱、热情而生活，也可以选择普通地度过。

◆ 拥有选择权时勇敢做选择，不要等到没有选择权时后悔

我深感庆幸，往昔的主动抉择赋予了我更为广阔的选择空间与无限机遇。即便风雨来袭，亦无惧高处之危，因我已练就了翱翔天际的翅膀。在行业兴衰更迭的洪流中，作为心理领域坚持十余载的耕耘者，我目睹了众多同行对行业春天的殷切期盼。然而，我坚信，真正的春天并非等来的，而是靠自我成长与变革创造出来的。

若你渴望挣脱旧日的桎梏，展开截然不同的人生画卷，那么，勇敢地迈出那一步吧！选择新的航道，尝试未曾涉足的方法，让认知与思维在挑战中蜕变升级。记住，正是这些不凡的选择与尝试，才能架起通往梦想彼岸的坚实桥梁。

家庭关系篇：

生命的成长和蜕变

陈西霞：资深教育咨询师与全面发展专家

> 夫妻关系是家庭关系的核心，父母关系是孩子内心亲密关系的模板。

以卓越的专业素养和丰富的人生经历，为广大学子与家长提供了全面的教育及心理咨询服务。通过将数学的严谨性、哲学的深邃思考、心理学的细腻洞察与营养学的科学性巧妙融合，为教育咨询领域带来了前所未有的活力与卓越智慧。

深耕教育咨询领域26年，她坚持用爱与智慧陪伴孩子，坚守"不放弃任何一个孩子"的信念，为学生创造健康快乐的环境。多年来，为超过1000个家庭提供心理咨询服务，尤其在中高考辅导方面成就斐然，成为广大学子与家长信赖的教育与心理咨询专家。

周末的晨曦中，空气被前一晚的细雨洗涤得格外清新，家家户户沉浸在与亲人共度的温馨时光里，笑容满面，享受着这份难得的宁静与幸福。家，作为爱的港湾与心灵的避风港，是每个人内心深处最温柔的向往。

然而，在这份普遍的幸福之外，一个不和谐的音符悄然出现——远处传来的争吵与碎裂声，以及孩子无助的哭泣声，瞬间打破了周遭的宁静。我心中不禁为那个哭泣的孩子感到心疼，也为那对陷入争执的夫妻感到惋惜，他们的心情想必也跌入了谷底。

此刻，我的思绪飘远，几个令人心酸的画面在脑海中交织浮现：

第一个画面，一个寒冬的傍晚，幼儿园门口，一个四岁的小男孩孤独地守候，他的父母已离异，母亲不在身边，父亲短暂停留后又匆匆离去，年迈的爷爷行动迟缓，无法时刻相伴。小男孩渴望同伴的温暖，误打误撞来到幼儿园，只因这里能暂时缓解他心中的孤独与恐惧。

第二个画面，2016年的那个深夜，一位离异母亲焦急万分地打来电话，她初三的孩子因承受不住母亲的几句责备，竟选择了离家出走。电话那头，母亲的哭泣中满是自责与无助，家庭的破碎让母子关系变得异常脆弱。

第三个画面，一次与朋友的深谈，他回忆起童年时父母激烈的争吵，母亲情绪失控，甚至以生命相胁，父亲则满腹委屈，家庭成了战场，而他，那个无辜的孩子，只能在一旁无助地哭泣，眼睁睁看着最亲近的人彼此伤害，心中的痛苦与恐惧难以言表。

这一切不禁引人深思：为何相爱之人会沦为彼此的伤害者？

我国知名心理学专家武志红老师在分析"为何家会伤人"的文章中提到：夫妻关系是家庭关系的核心，父母关系是孩子内心亲密关系的模板。

由此可见，幸福的伴侣关系，是构建健康家庭、避免"家伤人"悲剧的关键所在。

❖ 内疚的守望与爱的觉醒

近日，在一场朋友的聚会中，我们不约而同地触及了孩子教育的深刻议题。其中一位朋友，谈及当前错综复杂的经济形势，分享了他基于个人判断为儿子调整高考志愿的经历。这一决定背后，是深沉的父爱——他不愿儿子重蹈自己曾经的艰辛之路，试图以这样的方式为孩子铺设一条更为平坦的道路。然而，当另一位朋友轻轻抛出"你儿子开心吗"的疑问时，空气似乎凝固了一瞬。这位父亲愕然，意识到自己长久以来可能忽视了最为关键的一环——儿子的意愿与感受。

他坦诚地表达了自己的内疚之情，那是对过往忙碌于生意、疏于陪伴儿子的深深懊悔。这份内疚，如同沉重的枷锁，让他渴望通过某种方式去弥补，去寻求心灵的救赎。他的故事，触动了在场的每一个人，也让我们不禁反思：在爱的名义下，我们是否有时过于武断，忘记了倾听孩子内心的声音？

此刻，我的思绪不禁飘向那个在深夜中孤独离家的初三男孩。他，同样是爱的牺牲品，却以更为极端的方式表达了对现状的不满与绝望。学习的重压、家长的不解与忽视，如同寒冰般封冻了他对家的温暖记忆，最终迫使他选择了逃离。家，这个本应给予无限力量与慰藉的港湾，却在他心中化作了冰冷的囚笼。

这两个故事，如同两面镜子，映照出当代家庭教育中普遍存在的问题：爱，有时因缺乏沟通与理解而变得沉重；关怀，也可能因忽视个体需求而转化为束缚。我们不禁要问，真正的爱，究竟该如何表达？是盲目地给予我们认为最好的，还是耐心地倾听、尊重并支持孩子的选择？

或许，这位内疚的父亲的故事，正是一个转折点。它提醒我们，爱需要觉醒，需要我们在忙碌与焦虑之中，停下脚步，去真正看见并理解那个站在我们面前、独一无二的孩子。只有这样，我们才能共同构建一个充满理解、尊重与爱的家庭环境，让每一个孩子都能在其中自由成长，感受到真正的幸福与力量。

◆ 感情的建立

我们说孩子3岁看小，7岁看老，7岁以后无新鲜事。7岁之前是孩子认识世界、体验世界最重要的阶段，而且是和父母或养育者建立情感链接的最重要的阶段。我有一个朋友，因为从小在姑姑家长大，姑姑对她特别好，所以她和姑姑建立了深厚的感情。她12岁时被送回自己家，感到父母很陌生，觉得生活失去了光彩、活着没有意义。我身边这样的例子很多。

家庭幸福、亲子关系都是要经营的。作为父母，总想着要给孩子自己认为最好的，不知不觉就想着去改变孩子，却没有问孩子需要什么，没有理解和尊重孩子，没有对孩子感同身受。有人甚至因为内心的恐惧，认为对家人不需要用心，而对待外面的每一个人才需要用心，于是长时间冷落家人、忽略家人的感受，跟家人彼此之间非常陌生。很多家庭矛盾都是源于家人之间缺少沟通和陪伴，缺少理解和支持，缺少共同的成长。

◆ 生命的蜕变

中国家长教育研究所所长齐大辉教授说过：爱是一次共同的成长。

这让我想起了小莉，一个因为爱而带动整个家族改变的女孩。她从内心痛苦不堪，到获得纯粹的快乐，最终找到人生真正的意义。

小莉出生在农村，出生时因为是女孩，差点被送走。但是后来父母还是舍不得，就把她留了下来。她很感激父母，但在那样一个特殊的环境里，她又因为自己是女孩而感到羞愧。父母勤劳善良，虽然很相爱，可因为不懂得如何相处，经常吵架。看到妈妈流泪，她心里很难过。从她记事起，就很少见妈妈笑过。每次看到爸爸辛苦的样子，她也很难过，她希望自己能多干点活，帮爸爸减轻负担。可她什么都做不了。因此，她感到愧疚，觉得自己很没用。

父母每天都很忙。当她晚上一个人在家时，她非常孤独，非常害怕，觉得自己被世界抛弃了，自卑、孤单、恐惧、悲伤围绕着她，使她从小体弱多病。

那时，她的梦想就是有一个充满欢声笑语的家，希望有家人的陪伴，希望家里有轻松快乐的笑声，希望家里的每一个人都开心。可现实是，父母经常争吵，家里每个人都活得很压抑。

她很痛苦，内心感到被撕裂，觉得世界是灰色的、空气是沉闷的，觉得活着好累且没有意义。她渴望让父母开心，特别希望能做一件事让妈妈笑一笑。同时，她告诉自己，将来无论发生什么，都不许掉一滴眼泪。

她经常生病，经常吃药打针，感到很痛苦。同时，她看到身边有些人也因为生病而痛苦。因此，她特别希望自己长大了能当一名医生，治好自己的病，也治好身边人的病。可因为体弱多病，上小学三年级以前她连上课都撑不下来，所以她的成绩不是很好。

上了初中，有一次下大雪，她爸爸走了两个多小时的雪路送她去上学，让她很感动。那一刻她告诉自己，要好好学习，报答爸爸。结果如愿以偿，初中毕业时，在县城一中就读的她以全班第一名的成绩上了光荣榜。所有老师和同学都为她喝彩，爸爸也很开心。她非常感谢爸爸那次大雪天送她上学，感谢老师和同学们给她的帮助。她一下子成为整个家族的骄傲。

可是，她的不幸却开始了。爸爸很爱她，希望把自己认为最好的给她，不想让她受苦，因此给她填的志愿是他认为很好的专业。她当时觉得没什么，只是感到有点不开心。可后来却发现自己一直放不下自己的梦想，这可怎么办？那是她最爱的爸爸，于是她只能默不作声，选择默默承受。可是她骗不了自己，内心非常痛苦。

上班以后，她非常努力，她希望通过忙碌来掩盖自己内心的不快乐。她不让自己闲下来，因为一闲下来她还是会感到痛苦。

她主动承担所有的工作，变成了工作狂。她不希望爸爸看到她不开心，她不想让爸爸担心。每当她不开心时，会把自己一个人关在房间几天不出门，和所有人都不联系，因为怕别人一句话就会让她掉下眼泪。家人责怪她说很难联系上她，她也不吭声。

后来，她结了婚，她老公很爱她，她也很爱她老公，可是，不懂得如何相处的他们，每天都在争吵，这让她更加心烦意乱。随后，她的儿子出生了。看着可爱的儿子，她觉得那是她人生中最快乐的时刻。她把所有的爱给了儿子，在陪伴儿子的那5个月时间里，她非常满足，每天都很开心，觉得自己就是世界上最快乐的人。

后来，由于工作忙和学习进修，她陪孩子的时间越来越少。她很爱儿子，可是不知道如何去爱她的儿子。而且她对自己的前途感到很迷茫。她父母之间不断的争吵让她非常烦躁，而她和老公也是争吵不断。因此，她依旧每天用忙碌的工作来填充自己的心，可当有一秒的时间闲下来，她还是会感到内心的痛苦和撕裂。她想让自己开心起来，找到纯粹的快乐。她想找寻一种能让自己内心解脱的活法。

她开始一边上班，一边寻找出路，走上拯救自己的道路。她不断寻找，想知道怎样才能获得纯粹的快乐。她不舍得买衣服，把钱省下来，买了好多好多书。一个月工资只有3000元的她，可以一次性买1000多元的书，因为她希望能获得更多知识，让自己过得快乐一些。

2014年是她人生最痛苦的时刻，她和青春期的儿子无法沟通，和老公吵得更加厉害，再加上父母之间的矛盾，心烦意乱的她对生活完全失去了信心，她特别渴望有一个人能帮她解决这些问题，可她身边没有这样一个人。她想找一块清净的地方躲起来，可她无处可逃。看着儿子脸上失去笑容，她心如刀割。没有办法，她只能选择面对。

她开始寻找能帮她解决问题的人。她不断寻找，并且开始学习亲子教育。一次，一位老师对她说："当你的儿子真不容易！"她被震住了！她从来没有想过这个问题。她只觉得自己不容易，却从来没有考虑过儿子不容易。

回来的路上，回想起跟儿子的过往，她泪流满面！是啊，很多时候，她都只从自己的角度考虑问题，总觉得孩子太小，不懂事，什么都应该听自己的，这样才是为孩子好。她觉得很对不起儿子，走了一路，哭了一路。回家后，看着儿子，她不知道该如何开口，只是默默地为儿子做饭，和儿子一起吃饭。儿子却默默地把菜向她这边推了推。她非常感动，那一刻，甚至无法用语言表达自己的感受。接下来，不到两周时间，她就改善了和青春期儿子的关系。看着儿子脸上重新浮现了笑容，她内心很喜悦。

她的老师告诉她，要想彻底解决问题，还是要改变自己，于是她又学习了关于夫妻如何相处的课，还学习了其他心理学课程。2016年，她用2个月的时间，改善了和老公的关系，感到非常幸福。老公对她说："老婆，你的改变让我很感动。"接下来，她又用1个月的时间，改变了整个家族的氛围。弟弟对她说："姐，你变得不爱发脾气了。"她姐姐对她妈妈说："妈，我们现在也要开心一点，你看，小莉现在多开心啊。"爸爸对她说："小莉，你长大了，爸爸放心了。"家人的鼓励让她信心大增。

小莉把自己学的这些心理学和家庭教育知识用到学生身上，效果非常好，创造了很多奇迹。她明白了，对于学生来说，提升了心力，就会爱上学习。她潜心教育，利用每节课上课前几分钟提升学生的心力，和学生们互动，接着讲的内容学生们消化得就快，授课效果很好。初中阶段，每周五的最后一节课，原本是学生们最难熬的一节课，但经过一段时间的调整，学生们竟然都不想下课了，最后取得的成绩也是出奇地好。

一个冬天的早晨，因为下过雪，天气特别冷，而且刚到6点多，天还没亮，黑乎乎的，看不清人。她出门准备去倒炉灰，就看见远处有一些学生推着自行车跑，一个个都不顾大雪，急匆匆地冲进校园。

看着蒙蒙亮的天，看着在大雪中奔跑的学生们，那一刻，她流下了眼泪——对于农村的孩子而言，生活条件艰苦，学习是少有的出路。如果他们不爱学习，那他们冒着大雪，这么冷的天，还这么黑，跑到学校来干什么呢？他们不是不爱学习，只是找不到让自己成绩变好的方法，慢慢地对自己失去了信心而已。

那一刻，她站在那里，看着校园，为这些学生们感动。那天早上早读，她走进教室，心疼地看着每一个学生。教室里出奇地安静。她告诉有些穿得单薄的学生要多穿点衣服，告诉那个早上爱洗头而头发已经被冻成冰渣的男孩，以后要记得吹干头发。可学生们好像什么都懂。那天的早读，每一个学生好像都更认真了。当学生们内心感受到了力量，学习成绩自然就越来越好。

她接手的一个小学三年级的班里，有一个女孩，因为父母离婚，每天无精打采，成绩很差，许多科目都只能考几分。周围的人都对这个女孩失去了信心。但她没有放弃这个女孩，除了讲授知识，她还天天鼓励女孩，专门为她录制了音频来给她加油打气。没想到，一学期后，这个女孩在她所带的这个科目的考试中取得了60多分。这件事在当时引起极大的轰动，使她无论走到哪里，都备受欢迎。

她带着极大的热情和激情，做教育咨询，讲了一场观众达800人的亲子教育课，还在暑假里讲了近20场家庭教育讲座。后来，她考取了家庭教育指导师的证书。

取得这些成就，她感到很满足，可时间长了，当一个人静下心来，从小就有的那种孤独感又袭上心头，让她感到落寞。她问自己：这一生就这样过下去吗？回答是：不。她又开始学习，开始自我成长，寻找人生的意义和价值。

她找到了纯粹的快乐的那一天，她非常激动，这是她一直想要的，几十年来那种深深的孤独感得到了疗愈。她改变了总觉得自己不够好的消极思维模式。她学会了积极思考，找到了自己的天赋热爱。她与家人分享了她的快乐。她非常感谢给予自己智慧的所有老师！她非常感谢自己的父母。她非常感谢她的儿子，因为儿子令她走进心理学的世界，用爱唤醒了她，让她走上自我改变之路。她也非常感谢她的老公和所有的家人给她的陪伴。她非常感恩帮助过她的所有人。

她的人生有了更大的目标：助力1000万个孩子拥有幸福的童年。

小莉的故事，是生命力量与潜能的生动展现，它告诉我们：只要怀揣真诚、爱、勇气、感恩与耐心，从内心深处出发，每个人都能像她一样,穿越风雨,实现梦想,找到属于自己的生命价值与意义。她的蜕变,不仅是对个人命运的改写,更是对所有追梦人的鼓舞与启示。

  我的朋友们,希望你带着爱与真诚,穿越风雨,完成生命的成长与蜕变!

哲思篇：

因果关系源于我们对世界的观察和理解

张晓星：人生逆袭者，教育引领者

> 我们要向高处登，向远处望，我们要与同频的人肩并肩，让这个世界，哪怕只是这个世界的一个角落，因我们的存在而与众不同。

晓星，顺道教育石家庄分院院长、慈慧研学社与一梵文化创始人。她，从上市企业绩效经理到年入百万的心理学创富导师，仅用一年时间便实现了人生逆袭。勇敢追求，找到了自己的天赋与热爱，实现了个人与事业的双重飞跃，开辟了一片属于自己的广阔天地。更带领身边的人一同前行。

作为心理咨询师，她以智慧照亮他人的道路，坚信每个人都能活出最高版本的自己。她的故事，激励着每一个在追求梦想道路上的人。

因果，我认为，是一个非常有趣的概念和话题。在许多科学文化和哲学体系中，因果关系都扮演着很重要角色。它指的是行为或事件之间的相互影响和连锁反应。无论是在科学领域、哲学领域、宗教领域还是日常生活中，因果关系都扮演着不可忽视的角色。

我认为，因果关系是必然存在的，因为我们可以观察到在许多特定或不特定的情况下，行为或事件之间会相互影响。然而，有时候因果关系可能不会那么明显或直接地呈现出来，而是受到许多因素的影响，这使得它变得复杂且微妙。因此，我们更需要以谨慎和理性的态度来思考和对待因果关系。

◆ 因果关系的巨大影响力

1. 因果关系对我们的思维方式和行为产生深远影响

因果关系可以帮助我们理解事件的运作方式。通过观察事件之间的因果关系，我们可以推断出事件背后的规律，并从中获取丰富的知识和经验。

2. 因果关系影响着我们的决策行为

当我们意识到某种行为可能会导致某种特定结果时，我们会倾向于采取相应的行动。比如，知道不良饮食习惯可能导致健康问题的人，可能会选择改变饮食习惯以保持身体健康。

3. 因果关系对社会制度和法律体系也有一定的影响

法律通常基于因果关系来确定责任和惩罚。如果一个人的行为导致他人受到损害，法律可能会追究其责任，并对其进行处罚，伤害是因，惩罚是果。

💎 日常生活中的因果关系

接下来，我们来具体聊聊我们日常生活中的因果关系。

在日常生活中，我们常常会意识到，某些行为或事件，似乎会产生一系列的扩展和延伸。

比如，如果一个人每天都保持健康的饮食和运动习惯，通常会拥有更好的健康状况。这里的因果关系就是健康的生活习惯会导致身体健康。

但有时候，因果关系可能并不会明显地呈现出来。比如，某人在某天早晨喝了杯牛奶，然后发现他当天的运气都很好。这种情况下，他可能会认为喝牛奶导致了运气好，但实际上，这可能只是巧合，或是其他不特定的因素导致的。

所以，我们需要更加谨慎地思考因果关系，并意识到其中可能存在的复杂性和匪夷所思的因素。

因果关系是人类思维中的一个重要概念，它指的是事件之间的相互影响和连锁反应。下面我们来探索一下因果关系的本质，以及对我们认识这个世界起到的重大作用。

因果关系源于我们对世界的观察和理解。人类从早期开始就已经意识到了某些行为或事件会导致特定的结果。比如，原始人发现火能够使食物更美味且更容易消化，从而学会了用火烹饪，改善了生存条件。这种简单的因果关系在人类进化的早期就已经被发现和利用了。随着时间的推移,人类逐渐意识到更多复杂的、神奇的因果关系,推动了科学、哲学、宗教文化和社会的发展和进步。

科学领域尤其重视因果关系。科学方法的核心之一就是试图理解事件之间的因果关系。科学研究人员通过反复实验和观察,来确定特定行为或事件造成的影响。例如,医学研究人员会研究吸烟或喝酒与患癌症之间的因果关系,以便制定预防措施和治疗方案。

尽管因果关系对我们的认知和行为产生了深远的影响,但它也存在着复杂性。

首先,有时候因果关系并不那么明显或直接。某些事件可能受到多种因素的影响,这使得确定因果关系变得更加困难。比如,某人的健康问题可能既受遗传因素影响,也受饮食习惯和生活环境因素的影响。

其次,因果关系可能具有延时性或受到间接因素的影响。有时候一个事件的结果可能要等到很长时间后才能显现出来,这使得确定因果关系变得更加复杂。比如,某种食物可能导致健康问题,但这种影响可能要在数年甚至数十年后才会逐渐显现出来。

最后,有时候因果关系可能是双向的甚至是多向的。即一个事件可能既是原因,也是结果。比如,良好的教育水平和技术水准可能会给一个人带来更高的收入,但同时,更高的收入也可能使得这个人更容易获得良好的教育和成长机会。

尽管因果关系存在着复杂性,但我们仍然可以通过科学方法和谨慎思考来理解和运用它。

我有幸听过一位有智慧的老师讲述的小故事《因果报应》：

在一个小山村里，有一对年迈的夫妻，他们非常善良和慷慨。每天早晨，他们都会在自家门前摆放一桶水和一篮包子，供过往的行人取用。他们相信善良的行为会得到回报，即使他们不知道具体会是什么样的回报。

有一天，一位落魄的旅行者路过这个村庄。他在夜里受了伤，饥寒交加。当他看到这对夫妻放在门前的食物和水时，他内心非常感激。夫妻见他伤势严重，便热情地款待他，并给予了他一定的帮助和安慰。

几个星期后，当这位旅行者康复并继续他的旅程时，他留下了一封信给这对夫妻。在信中，他向他们表达了感谢，并告诉他们，他是一位富有的商人。他决定回报他们的善行，给了他们一笔可观的财产，让他们过上了富足的晚年生活。

这个故事展示了因果关系的一种形式，因为这对夫妻的善良行为最终得到了回报。尽管他们一开始并不知道具体会发生什么，但他们的善行最终改变了他们的命运。这也暗示了一种天意或命运的力量，使人们的行为和命运之间产生了一种神秘的联系。

下面，我再分享一篇来自网络的小故事《福至心灵》：

在古代中国的一个小村庄里，有一位名叫王富贵的农民。尽管他的名字寓意着富有和幸福，但他却过着贫穷的生活，每天都为了生计而辛勤劳作。

一天,王富贵在田间劳作时,发现了一块被埋在土里的玉石。他惊讶地捡起来,心想这一定是天赐的财富。于是,他把玉石拿回家,准备拿去卖钱。

然而,就在他准备出发的时候,一位陌生的老人突然出现在他面前,对他说:"这块玉石不应该被卖掉,它将给你带来更大的财富。但是,你必须以善行来换取。"

王富贵感到疑惑,但还是决定听从老人的建议。他开始以善行回报社会,帮助那些需要帮助的人,无论是物质上的还是精神上的。

随着时间的推移,王富贵的生活发生了奇迹般的变化。他的庄稼丰收,家庭幸福,而且他也变得越来越富有。更重要的是,他的心境也变得更加开阔,心灵世界变得更加丰富多彩。

一天,王富贵在田间劳作时,又一次遇到了那位陌生的老人。老人微笑着对他说:"你的善行已经得到了回报,你所拥有的一切都是因为你内心的善良和慷慨。记住,福至心灵。"

王富贵深受感动,他明白了因果的道理。他知道,他以善行换取,才得到了幸福和财富。从那以后,他更加珍惜自己的财富,也更加乐于助人,因为他知道,善行会带来更多的财富。

这个故事告诉我们,因果关系是普遍存在的,善有善报,恶有恶报。只有以善行换取,我们才能得到真正的幸福和财富。

在这个广袤的世界中,因果关系如同一条无形的纽带,将一切事物紧密相连。它既是一种普遍存在的规律,也是我们理解和探索世界的关键。我们的每一个行为、每一个决策，都可能引发一系列的连锁反应，从而导致相应的结果。

因果关系在我们的日常生活中随处可见。种瓜得瓜，种豆得豆，这便是因果关系最简单、最直接的体现。

从更广的维度来看，因果关系也贯穿于整个自然界。春天的播种是秋天收获的因，风雨的来临是大地滋润的因。万物的生长、繁衍、兴衰，都在因果关系的规律下有序进行，周而复始……

然而，因果关系并非简单的单线条延伸，它往往错综复杂、相互交织。往往一个结果可能由多个因素共同作用而产生，而一个原因也可能引发多个结果。这种复杂性使得我们在面对问题时，需要全面考虑各种因素，以便更好地理解事物之间的关系。

了解因果关系的重要性不言而喻。它帮助我们做出更明智的决策和行为。因果关系也让我们能够从过去的经验中学习，不断改进自己的行为方式。

然而，要准确地判断因果关系并非易事。有时，我们很难确定一个结果的真正原因，因为众多因素相互作用，使得因果关系变得模糊不清。在这种情况下，我们需要通过深入研究和分析，尽可能地找出作为主线的因果关系。

总之，因果关系是世界运行的基本规律之一，也是最重要的规律之一，它既存在于我们的日常生活中，也贯穿于整个自然界。了解和把握因果关系，有助于我们做出明智的决策，从过去的经验中学习，并更好地理解这个复杂而美妙的世界。

世人都希望自己拥有富足的人生，对外追求金钱、房产、汽车，等等；对内追求慈悲、爱心、智慧，等等。

❖ 追求内在的精神财富

以前，我一直在追求对外的富足，直到我学习了心理学创富系统的课程，老师身上呈现出来的慈悲和智慧让我深感匮乏，我意识到内在的精神财富才是人生真正可以依赖的无价之宝，才能滋养、丰富精神和心灵，才能使我们收获真正的富贵人生。

我从 0 到 1，从步履蹒跚到硕果累累。原来我与财富只有一"墙"之隔，我只管做对一步，财富就会向我奔赴而来，思维方式真的会改变命运。

所有的抱怨、执念不外是因果关系，昨天是今天的因，今天是明天的因，明天是今天的果，今天是昨天的果。认识并认可心理学创富系统是因（发心），学习心理学创富系统是过程（技术），今天我呈现出来的就是果（成果）。

人生不外乎就是这样，在正确的时间，遇见正确的人，一起做正确的事。我们要向高处登，向远处望，我们要与同频的人肩并肩，让这个世界，哪怕只是这个世界的一个角落，因我们的存在而与众不同。

❖ 如何更好地掌握和运用因果关系

在生活中，如何更好地掌握和运用因果关系？我认为可以从以下几个方面入手。

1. 努力提升观察能力

用眼睛和心去留意身边事物的发展和变化，不断思考、剖析其原因和结果。

2. 预测自己行为的结果

去思考自己的决策和行动可能带来的后果，以便做出更明智的选择。

3. 制订目标和计划

明确目标，找到实现目标的原因和方法，合理规划行动。将目标分解为具体的步骤和行动，明确每个行为的因果关系。

4. 汲取经验教训

不断复盘，从过去的经历中总结因果关系，避免重复犯错。

5. 关注环境的影响

了解周围环境对自己的影响，调整行为以适应环境。

6. 不断与他人分享

分享经验，征求他人意见，了解他们的经验和观点，在这个过程中可能会发现一些被忽略的因果关系。

7. 不断学习成长

增加知识储备，提高对因果关系的认识和运用能力。

8. 注重细节

细节决定结果,关注并把握细节有助于更好地掌握因果关系。

9. 敢于承担

对自己行为的后果负责,积极面对并解决问题。

10. 保持行为的灵活性

因果关系可能会随着时间和环境的变化而改变,要随时调整计划并做出相应的行为。

贵人篇：

贵人如光，照亮我的人生

陈楠：跨界领域的探索者

> 真正的追求并非仅仅停留于外界的认可与塑造，而是深入内心，更加贴近自我本质，实现自我价值的最大化。

毕业于河南理工大学，在职业生涯的前14年中，作为内控专家，她精心设计流程、构建制度、规范操作、优化系统，不仅确保了CCIC广东地区27个分公司及非洲子公司的稳健运行，更在业界树立了内控管理的典范。

2022年，她以喜马拉雅主播的身份，用声音传递知识与力量，累计完成超过20部作品，其中不乏播放量突破1300万的热门佳作。她融合心理学与商业的智慧，洞察市场，从而在复杂多变的创业环境中找到属于自己的道路，书写跨界人生的精彩篇章。

贵人篇：贵人如光，照亮我的人生

人终其一生都在比两种能力，前半生比的是识别贵人的能力，想办法让别人帮助你。后半生比的是成为贵人的能力，想办法去帮助更多人。

——《和财富做朋友》

我是陈楠，回望过往的成长经历，心中满载着对生命中每一位贵人的深切感激。这份感恩之情，源自我的父母双亲，他们以无私的爱为我筑起成长的港湾；源自我的家人，他们是我最坚实的后盾，给予我支持与温暖；源自学习旅程中遇到的师长与同学，他们是我智慧与友谊的灯塔，照亮我前行的道路；更源自职业生涯中那些对我关怀备至的领导与同事，他们的信任与帮助，让我在职场上茁壮成长。当然，还有成家后携手并进的伴侣与孩子，他们是我生命中不可或缺的同伴，让我在爱的滋养下实现了自我蜕变与成长。

在对成长的回望中，我深刻领悟到，我真正追求的并非仅仅停留于外界的认可与塑造，而是深入内心，渴望能够更加贴近自我本质，实现自我价值的最大化。

◆ 我的前半生：生命的裂隙，是光照进来的地方

我诞生于河南一座小城，自降临人间仅 17 日，便被迫直面生命的首次严峻考验。孤独地躺在手术台上，我与命运进行了一场无声的较量，虽最终挣脱了死神的桎梏，但腿上却烙印下了不可磨灭的痕迹，成为我生命旅程中一道独特的印记。

父亲目睹了我的坚韧与不易，深情地为我取名"楠楠"，寓意如楠木般坚韧不拔。这个名字，仿佛是一种预言，让我的人生之路似乎自起始便铺满了挑战与磨砺。我始终怀揣着不懈的努力，不敢有丝毫懈怠，生怕一旦放松，便会失去那份来之不易的坚持与希望。

生活，这位伟大的艺术家，总能在绝望的深渊旁绘制出希望的窗棂。尽管身体承载着不便，我却有幸拥有一对深爱我的父母，他们是我生命中最坚实的后盾。母亲，一位军医，以她的温柔与坚韧为我筑起健康的防线；父亲，一名警察，用他的正义与勇敢为我撑起一片天空。在部队大院里成长的我，物质与精神皆得到了很大的满足，从未因自己的不同而感到丝毫的自卑。

然而，一次偶然的机会，我无意间揭开了母亲深藏的秘密——一本属于我的残疾证与二胎申请表。那一刻，我的心仿佛被重锤击中，愤怒与绝望交织，我试图将那份不愿面对的现实撕得粉碎。母亲见状，泪眼婆娑地拥我入怀，她告诉我，这一切都是出于对我未来的考量，希望在我需要时能有兄弟姐妹相伴左右。不久后，两个双胞胎弟弟的到来，为我的世界增添了无尽的喜悦与温暖。

弟弟们的降生，让我沉浸在为人姐姐的幸福之中，尤其是他们与我血脉相连，更添一份难以言喻的亲情。但在那个独生子女政策的年代，每当被问及弟弟们的由来，我的心底总会涌起一丝难以名状的酸楚，那是对"残疾"身份的一种无意识的敏感与抵触。或许，正是从那时起，一种微妙的自卑与不配得感悄悄在我心中生根发芽，尽管我努力在外人面前展现出积极、阳光、上进的形象。

　　毕业之后,我毅然孤身一人从熟悉的家乡远赴广州,这座繁华都市成了我追梦的起点。在这里,没有亲人相依,没有朋友相伴,工作之余,出租屋成了我孤独的避风港。幸运的是,我遇到了一群温暖的同事,他们时常邀请我加入他们的聚会,一起去图书馆学习,让我的生活添上了一抹亮色。领导的赏识与栽培,让我在专业领域得以施展才华。表面看似一切顺遂,但内心深处,那份挥之不去的失落与孤独感却如影随形。每当夜深人静,凝视窗外灯火阑珊,我心中便涌起对家的无限向往,渴望在这喧嚣尘世中拥有一盏专属于我的灯,温暖地守候。这份思念,让我无数次萌生归家的念头,渴望依偎在父母身旁。

　　就在这时,命运的转折悄然降临,我与大学时期错过的他重逢,不顾一切地选择了重拾旧情,即便遭到家人的反对,我也坚定不移地与他携手步入婚姻的殿堂。然而,婚后的生活并未如我所愿般甜蜜,性格与观念的差异如同隐形的鸿沟,我们的生活有很多分歧,磕磕绊绊,争吵不断,最爱的人给你最深的伤害,我们总是能挑对方的最痛处攻击。在这样的环境下,我们的孩子也承受了无形的压力,性格变得敏感易怒,直至被诊断出患有小儿抽动秽语综合征(GTS),这一消息如同晴天霹雳,让我陷入了深深的自责与痛苦之中。

　　与此同时,职业生涯的转折点也悄然而至,我被委以重任,这虽是对我能力的认可,却也带来了前所未有的压力与挑战。工作难度的提升与高强度的任务让我备感不适,内心的愧疚与重压交织,逐渐侵蚀着我的身心健康。失眠、狂躁、暴饮暴食,甚至无端的泪水成了我生活的常态，最终，我被确诊为中度抑郁，我的世界仿佛被黑暗笼罩，失去了前行的动力。

在广州这座充满机会的城市，我度过了充满挑战的十年。期间，除了兢兢业业于本职工作，我还倾注心血经营了一项副业长达四年之久，这份努力不仅带来了可观的收入，更让我在广州这个一线城市实现了购房置业的梦想，生活看似顺风顺水，充满了令人羡慕的色彩。

然而，内心的阴霾却悄然蔓延，抑郁的情绪如同暗夜中的潮水，逐渐吞噬了我的光芒。那是一种深不见底的匮乏感，让我最终做出了一个令人痛心的决定——我放弃了那个曾拥有三百人团队的副业，舍弃了对我充满信任与依赖的千余名顾客，没有告别，就这样在朋友圈中悄然消失，仿佛从未存在过。面对朋友的询问，我只能以"太忙了"这样苍白的理由作为掩饰。

在那段最黑暗的日子里，我几乎失去了对生活的所有希望，内心的绝望让我甚至产生了带着孩子逃避现实的念头，那是一种对自己、对家人极不负责任的闪念。但幸运的是，在我几乎要迈出那不可挽回的一步时，一个微弱而坚定的声音在我脑海中响起，它告诉我，我并不真的想放弃生命，这份来自内心深处的呼唤成了我自救的转折点。

于是，我鼓起勇气，迈出了自我救赎的第一步——主动寻求心理医生的帮助。经过连续两个月的深入疏导与治疗，我逐渐从阴霾中走出，得到了释放与疗愈。医生的话语如同温暖的阳光，照亮了我前行的道路，他告诫我要更加关注自己的内心需求，寻找那些能够让自己真正快乐与满足的事物。

于是，我踏上了探索有声演播的旅程，这个决定源自学生时代广播工作的乐趣、为室友编织故事的温馨，以及演讲与朗诵舞台上收获的成就感与心灵慰藉，它们深刻启示我：声音拥有赋予力量与治愈我的魔力。

为了更深入地掌握这一技艺，我毅然投入了约10万元的学费，遍访业界精英，师从原央视资深主持人研习声优精髓，还加入了知名配音大师的团队，在《花样年华》这部经典电影的配音现场，体验了声音艺术的极致融合。这些经历不仅让我有幸成为某知名有声平台的签约主播，还让我参与了百万级粉丝基础的有声书项目，录制并推出了超过二十部广受好评的有声作品，全网播放量累计突破千万大关，成就斐然。

在声音的广阔天地里，我幸运地邂逅了众多良师益友，他们不仅为我铺设了成长的快车道，更赋予了我无数宝贵的机遇，使我的时薪实现了质的飞跃。然而，在这份辉煌的背后，长时间熬夜录制的辛劳却悄然侵蚀着我的健康，体检报告上的宫颈问题如同一记警钟，不仅让我失去了刚刚孕育的新生命，更将我推向了低谷。

那一刻，虚弱与无力感如影随形，恐惧与自我怀疑如潮水般涌来，我仿佛陷入了无尽的黑暗之中。随之而来的，是财富上的缩水、副业的停滞、投资的挫败，乃至债务的沉重负担，一切似乎都陷入了前所未有的困境。但正是这些挑战，让我学会了在逆境中寻找光亮，重新审视生活的价值与方向。

在我生命最为匮乏与迷茫之际，我有幸遇到了心理学创富系统，并邂逅了生命中的贵人佘荣荣导师。遵循课程的指引，我开启了为期21天的冥想之旅，这不仅逐步治愈了我内心的匮乏感，还显著提升了我的自我价值认知。随着心态的转变，我的职业生涯迎来了转机，升职加薪接踵而至，让我对自己有了全新的认识和定位。

我一点点修补着曾经破碎的自我，感受到了前所未有的被看见与被珍视。这份觉醒让我坚信，自己不仅是有价值的，更是独一无二的、闪闪发光的。

我的演播才华得到了认可，有幸成为"心心向荣"电台的主播，用声音作为桥梁，传递成长的力量与温暖的故事。每一次的鼓励、支持与赋能，都让我更加璀璨夺目，财富如细水长流般汇聚，家庭关系也愈发和谐美满。尤为欣慰的是，随着我状态的日益提升，我的儿子也奇迹般地康复了。

铭记于心的是2022年8月那个转折点，荣姐的个案治疗如同一束光，穿透了"残疾证"事件带来的阴霾，彻底治愈了我内心的创伤。我释怀了过往，释怀了残疾给我带来的自卑，释怀了父母为了生弟弟对我的隐瞒。我深知自己本就是美好、富足且值得被爱的，是世间不可多得的宝藏。

今天的我，可以自豪地对所有人说，您好，我是陈楠，独一无二，充满力量，生活在富足与美好中。

◆ 识别贵人，珍惜贵人

如何识别贵人呢？贵人有哪些特质呢？我总结了几点，你可以对照着识别一下，遇到了千万要珍惜！

1. 能够改变你认知的人

任正非说过一句话：最大的运气，不是得了大奖，不是捡到了钱。最大的运气是你碰到一个人，能提高你的思维，把你提升到一个更好的平台。

所以，生命中的贵人是能够改变你认知的人。

他比你优秀，还愿意帮助你优秀，这样的贵人，遇见了真的是幸运。

2. 给你力量和勇气的人

美国作家亨利·戴维·梭罗说："贵人是那个你会向他哭诉一切，他却不会因此蔑视你的人。"

心理咨询师好像普遍拥有这样的特质。他们能够倾听，给予你真正的关怀、理解和疗愈，给予你走出低谷的力量和勇气，让你重新找回自信，有动力去创造属于你的美好人生。

3. 真心希望你越来越好的人

这样的人能看到你身上的闪光点，不吝赞美，为你布局，希望你发挥潜能，越来越好。同时，当你出现偏差的时候，他们也会及时帮你指正航向，让你少走弯路。

4. 带你赚钱的人

一辆保时捷汽车，20万元卖给你，你肯定想要。一幢别墅，20万元卖给你，你肯定也想要。那如果把赚得购买保时捷和别墅的钱的思维、方法、模式教给你，你觉得值多少钱呢？

记住，贵人不是直接给你钱的人，而是带你赚钱的人。他带给你的不仅是金钱上的收益，更是一种新的思维方式和生活态度。他会教你如何利用自己的优势和资源，去创造更多的机会和更大的价值。

这样看，你身边的贵人是不是也挺多的呢？那为什么你总觉得自己没有贵人相助呢？有两个原因。

第一，认知不够。

有一句话说得特别好，如果你脑子里认为正确的东西，没有使你口袋里的财富增加，那你一定要好好反思是不是自己的认知出了问题。

穷和失败并不是导致人生悲惨的核心原因，核心原因是一直坚持错误的认知。

这就像身陷井中，拼命用力想爬出去，而这时井外有人丢下一根绳子，你愿不愿意拽着绳子爬出去？

第二，吸引不来。

我们说贵人是吸引来的。有德之人会吸引、感召贵人相助。甘于付出、不图回报、真诚待人、敢扛事、做事靠谱、为人踏实、做事让人感动、做人让人喜欢，这样的人更能感召来贵人。

最后，我与大家分享两个最简单的让贵人帮助你的方法，这也是《和财富做朋友》中讲到的特别行之有效的方法。

第一，提供你的价值。

当你想要向上链接，让贵人帮助你的最简单的方法，就是提供你的价值，让他看见你，并且愿意帮助你。打造你为他提供的专属的价值感，你的能力对他来说，也是一份很值得珍视和托举的能力，他自然而然就会托举你。

第二，为贵人付费。

向有结果的人学习，是获得结果最快的方式。你为别人付费，购买他的时间和经验，就是在节约你成长和走向成功的时间，缩减你的试错成本。

愿我们每个人都能拥有吸引贵人的体质，有贵人相助，并成为贵人助人！

悦己篇：

活出爱满自溢的日子

费碧霞：为幸福家庭赋能

> 爱，拥有这个世界上最强大的疗愈力。

费碧霞，毕业于宁波大学英语文学专业，经历丰富，曾涉猎跨国电商、自主创业、教育领域，现在聚焦于心理学与家庭幸福的传播。作为天使之约商学苑的创始人和顺道教育上海分院的院长，她不仅是一名心理学创富导师，更是颂钵高级疗愈师、金钱关系咨询师、人类图解读师、幸福之书导师和幸福力教练。

她的梦想是成为传播光和爱的天使，用专业知识与经验，助力 1000 万个家庭过上富裕而喜悦的生活。

从产后抑郁导致严重失眠、焦虑，到现在活出了爱满自溢的状态，这条充满艰辛的路，我走了5年。现在的我，在顺道教育，已经找到自己的天赋热爱，并运用专业的心理学技术，成功帮助超过1000位女性活出富足而喜悦的人生。

为什么要写"爱自己"这个主题？因为我发现，爱自己，真的太重要了。

可能很多人都听说过"爱自己"这个词，也知道爱自己的重要性。但是很多人在实际生活中，并没有真正地爱自己。所以，我想与大家分享我自己这一路走来的心得、体会、收获、感悟，告诉大家，我是怎么从完全不爱自己，到现在，活成了爱本身的。

◈ 命运的齿轮从决定自我救赎开始转动

我性格一直非常要强，想追求事业，想实现自己的价值，但我也接纳命运给我安排的一切。于是，在毫无心理准备的情况下，我成了全职妈妈。

养育孩子的过程是幸福的，可我也清晰地看到自己身上往日的光环逐渐褪去。我变得越来越自卑、敏感、多疑、焦虑、不安、烦躁，不爱跟外界交流。

我的世界越来越小，小到只剩下伴侣、孩子、父母。我不断地怀疑自己、攻击自己，甚至怀疑人生。

那时，家人一直守护着我、照顾着我，可我丝毫感受不到爱，反而一直在指责他们，家里经常硝烟四起。我变得异常脆弱，严重失眠、爱哭，深深陷入了受害者心理模式。

我情绪无常，暴躁易怒，经常把孩子吓得哇哇大哭。每次看到孩子充满恐惧的眼神时，我又万分自责。

我彻底崩溃了，无助，绝望，看不到自己的出路在哪里。无数个号啕大哭的夜晚，我都在心里呐喊：谁能来帮帮我？我真的太痛苦了。

直到有一天，我仿佛听到内在有个声音在告诉我，能救我的只有我自己。世界，是我自己的，和他人无关。这不是我要的人生，我要找回曾经那个阳光、乐观、自信、活力满满的自己。

于是，我暗下决心——我要自救，我要改变！我相信我能走出抑郁，我相信我能治愈自己！

从那以后，我放下了一切，走上了自我疗愈之旅。我希望明白在我身上到底发生了什么。

我开始接触知识付费领域的各种课程，到处报课学习，并渐渐尝到了甜头。我很兴奋地发现，原来生命中发生的一切都有迹可循，原来每件事发生，都是为了帮助我更好地认识我自己。

第一次听说"爱自己"这个词的时候，我哭了。长久以来，我都在努力爱别人。原来还要学习"爱自己"这项功课呀！这三个字，对我而言，堪称醍醐灌顶！

"爱自己"，这个词对于当时的我来说，就像一根救命稻草，令我着迷。我内心笃定，只要我学会了爱自己，我的痛苦、困扰都会改变。这三个字，就像一束光一样，照进我的生命，让我对人生重新有了盼头。我开始憧憬美好的未来。

💎 爱自己是一趟浪漫的内在探索之旅

我开始努力地学习爱自己,然而,过程并不是一帆风顺的。我们从小到大,一直在接受外界的各种评判,也早已习惯了不断评判自己。爱自己,不是一句空话,从知道到真正做到,需要无数次的练习。在生活中练,在具体的事情上练。

当我刚开始试着去爱自己时,那个"我不够好,我不值得被爱"的声音,马上就会在脑海里跳出来。但我发现,这是一个非常好的觉察自己的机会,让我看见过去的我是如何不爱自己的。

不爱自己的时候,我一直在向外寻求爱,特别渴望被看见、被肯定、被欣赏、被爱。当我开始学习爱自己后,我开始向内求,不断地往自己的心灵深处走,并且和自己的内心建立起了更好、更深的链接。我开始赞美自己、鼓励自己、欣赏自己,并且对着镜子里的自己一遍遍地说:"我爱你!"

我的内心,变得越来越有力量。一段时间后,我发现我真的爱上自己了,我的生命变得越来越欢喜。我惊喜地发现,当我变了,我身边的人也跟着变了,我的整个世界都变了。生活的方方面面都越来越好。

通过向内探索,我看到了无比美丽的世界,真真切切地体会到了,我们每个人"本自具足",我们这一生所需要的一切,都已经扎根在我们心里。我们只需要不断地向内求,就能获得我们需要的一切。

通过学习爱自己,我真的把自己疗愈了,我开始和自己谈恋爱！爱自己，是终身浪漫的开始！

◆ 从个人的小情小爱走向无我利他的大爱

1. 因为淋过雨，所以想为别人撑把伞

通过知识付费课程的学习，我的命运发生了巨大的转变，和全家人的关系都变得越来越好，家庭氛围前所未有地和谐、温馨、幸福。我一人学习，全家都受益。我真正体验到了"家和万事兴"。

我开始思考，心理学帮助我从人生的至暗时刻走出来了，然而，生活中那么多人还在苦海里挣扎，还在黑不见底的隧道里摸索着，他们多么需要有人伸出手帮他们一把呀！

作为心理学的受益者，我下定决心，余生，我要传播心理学，让更多人受益。我想用我的生命故事去影响更多人，我想帮助更多人学会爱自己。因为我自己走过这条路，我相信，我可以带着更多人从黑暗中走出来。

2. 当我准备好了，好老师就出现了

我报名了许多课程，不断学习、成长，自己的日子过得越来越好，可我一直不知道怎么真正地帮助其他有需要的人。到后来，我越报课，就越焦虑。因为虽然我学了很多知识，也有一颗助人的心，却没有机会把我所学的知识真正用出来。我一直在输入，找不到机会输出。这让我产生了自我怀疑：我真的学会了这些知

识吗？我真的有能力用自己的爱和智慧，去帮助更多人吗？

我更加努力地学习、成长，终于，我遇到了真正改变我命运的老师——心理学创富系统。

3. 创立个人品牌，全职宝妈逆袭成功

在发心和愿景基础上，在佘荣荣导师的指导下，仅仅一年后，我就创建了自己的课程体系。

于我而言，这简直是一个奇迹！通过高人指点和自身的不断努力，我活出了一年顶十年的人生，并且还在火箭般飞速成长中。我不断活出最高版本的自己，真正过上了富足而喜悦的人生！

4. 因为被爱过，才能更好地去爱别人

在开始学习心理学创富系统的课程之后，我真正学到了什么是无我利他。它帮助我按下确认键，让我不断被赋能、被鼓励，不断告诉我，我一定会做得更好。这让我变得越来越自信、越来越爱自己，我的值得感、配得感不断提升。

第一次感受到了无条件的被爱，这份爱治愈了我过往所有的伤痛。之前经历的一切，仿佛都是为了遇见这份纯粹的爱。我真的被感动了，这是一个生命对另一个生命深深的看见、信任，以及全然的接纳和允许！这让我顿悟，原来我们这一生，除了爱好自己、爱好家人，还可以同时去爱芸芸众生。

我内在的热爱之心不断被唤醒。常言道，靠近谁，就成为谁。我决定成为有大爱的人。爱，是传承。余生，我会尽全力去做好这份让我怦然心动的事业。

现在的我，也是这样爱着我的学员，以及来到我生命中的每个人。我越来越深刻地感受到，爱是付出，是给予，是全心全意服务更多生命，是极致利他。

◆ 写在最后

我是怎么从不爱自己，转变为全然爱自己的呢？这是一条需要实践出真知的路。根据多年的经验和体悟，我提炼了最核心、最宝贵的内容，分享给正在读这本书的读者朋友，希望能帮你在爱自己这条路上节省很多的摸索时间。

1. 照顾好自己的身体和生活起居

身体是灵魂的庙宇。我们这一生，要体验的事情很多，但体验人生的前提是有一个健康的身体。这是爱自己的根本。

把自己的时间管理好，早睡早起，适当锻炼，多吃健康、有营养的食物。身体健康，我们每天就能精力充沛地去做更多的事情。

2. 放下评判，接纳自己及他人

评判，会让我们的内在越来越没有力量。你外在对待别人的方式，就是你内在对待自己的方式。

生活中，很多人都会习惯性地评判，这会影响自己的心情，以及人际关系，因为没有人喜欢被评判。己所不欲，勿施于人。当你评判他人的时候，很容易遭到对方的反击，这对事情的解决并无益处。

爱自己，最重要的一步，就是停止评判自己，及他人。允许一切发生，带着觉知，活在当下的每一秒。

这是需要在生活中不断练习的。当你觉察到自己又在评判，先接纳那个在评判的自己，再停止评判，放下对评判的需求。随着练习的深入和次数的增加，你评判的频率就会越来越低，也会越来越接纳自己所有的样子。

生命就是一场体验，我们可以允许这个世界有更多不同的声音，允许每个人都有自己不同的活法。

3. 不给自己和他人贴标签

很多人在生活中，会动不动就给自己和他人贴标签。比如，我很笨，我很懒，他很自私，他很小气，这个孩子是学渣，等等。一旦贴了标签，就像戴了有色眼镜看自己和他人，遇到符合标签特质的事情，就容易起评判心。

然而，标签并不一定符合真实情况。举个例子，一个人"不舍得花钱"，你给他贴了"他很小气"的标签，然而这个人并不一定是真的小气。有可能他当下的经济条件真的很困难，他要把钱花在更需要的地方；也许他的原生家庭给了他很多关于花钱的限制性信念；也许他正在攒钱去完成一个梦想。每个人都是多面的。今天的他不舍得花钱，不代表他未来也一直不舍得花钱。不舍得花钱，只是他关于花钱的一个信念，不能代表他这个人。

这个世界是一直在变化的，我们每个人也一直在变。所以，不要根据此时此刻眼睛所见的表象，就去定义一个人。

其他标签同理。

当我们不再动不动就贴标签，我们就对自己、对他人、对这个世界，多了很多友善和包容。

4. 看见自己的情绪，疗愈我们内心的创伤

现代社会，生活节奏快，很多人都觉得压力很大，自然也会有很多负面的情绪出现，比如压抑、焦虑、恐惧、烦躁、恼怒、悲伤等。很多人一遇到这些情绪，就想逃避，去玩手机、看电视、打游戏等，不敢直面这些情绪，或者看到这些情绪就很痛苦，会对抗，会不想要这些不好的感觉。

其实，情绪是我们每个人的好朋友，它出现是来提醒你，该好好地爱自己了。看看内在的哪个需要没有被满足，哪个幼时的创伤性事件还未被疗愈。我们可以试着去看见它，然后有针对性地去做疗愈。

情绪，只是一种体验，它只是流经你，穿越你。它会来，也会走，除非你紧抓着不放。每一份情绪，其实都是来自生命的礼物，它的存在一定是有意义的，当你通过它学会了一些功课，心灵成长了，那么情绪就完成了它的使命，自然会消失。

所以，当下次情绪来的时候，不妨对它说："嗨，恐惧，你好呀，我看见你来了，我知道你又来给我送礼物了，我们一起来探索一下这次的礼物是什么吧，谢谢你的到来，谢谢你助力我成长为更好的自己。"

5. 静下心来，享受独处

现在很多人都很浮躁，每天忙于工作、孩子、家庭、手机、

电脑不离手,很少有时间真正安静下来,和自己在一起。

建议大家每天抽一些时间,比如10分钟或者半小时,什么都不做,只是深度地陪伴自己,和自己的心对话,去看见自己的喜怒哀乐、自己的需求、自己的梦想。

心外无物,我们的心,创造了我们每个人的世界。去重新链接自己内心的力量和智慧吧,它会给你源源不断的支持。去激活你内在的小宇宙吧。生命,一直爱着你。

6. 用感恩的心去过每一天

活着,就要感恩。感恩是非常强大的力量。越感恩,越拥有。

很多人,之所以生命中遇到各种问题,一个很大的根源就是不懂感恩,觉得自己得到的、别人对自己做的,都是理所当然的。不懂感恩的人,很少能体会到生命的快乐、喜悦、富足。

当我们怀着感恩的心去过好每一天,我们的生活中就会发生更多美好的事。去感恩我们目之所及的一切,只要你愿意,万事万物皆可感恩。当你升起强烈的感恩心,你会发现自己拥有的真的很多,你一直被爱着,也一直值得被爱。你的心会变得柔软、谦卑。

试着去感恩你自己吧,你会立刻爱上自己的。

7. 对自己的人生负起百分之百的责任

很多人都有受害者心态,这是因为人潜意识里想让别人来为我们的人生负责。比如很多人都会说,我之所以这么痛苦,都是因为你……

当你习惯这样去看待问题时，你会觉得，你生命中的一切事情，都是由别人造成的，你就会觉得自己不用承担相应的责任。可是一旦你把手指指向外界，你就把自己的生命力量交了出去。你的喜怒哀乐，好像都由另外一个人来决定、操控。

真相是，我们每个人生命中所有的一切，都是我们自己创造的。我是我世界的根源。所以，把力量拿回来，借事练心，去觉察和思考，自己什么样的心理模式和信念，创造了这个事件，自己能从中学到什么。感谢其他人一起创造这个事件，让你有机会更好地看见真正的自己，从而更好地爱自己。

我们要对自己的人生负起百分之百的责任。如果你都不对自己负责，又怎么能指望别人对你的人生负责呢？

一切都是为我而来，一切都是最好的安排。提升智慧，去获得事件背后的礼物，让所有的事，都成为我们生命成长的养分。这个过程中，我们的内心变得越来越强大。而内心强大了，我们就能更好地包容和承载万事万物，我们就会爱上生命中的一切。

相信我，你会深深爱上这样的你自己。

8. 找到天赋热爱，尽情绽放生命

当我通过人类图得知我是"投射者"，是赋能高手，我就开始把这个天赋发挥到极致。所见之人，给人希望，所讲之话，给人力量。我用心地看见每一个生命，去赞美他、肯定他、欣赏他。现在的我，只要开口，就是口吐莲花，就是在赋能他人，就是在给出爱，帮助别人看到他身上闪闪发光的地方。

我们每个人都是珍贵的钻石，很多钻石只是蒙了灰，我们只

需要把它擦拭干净就好了，钻石的光芒一直都在。别人眼中的你，不是真正的你，你眼中的别人，才是真正的你。当我们看到每个人身上的美好时，恰恰说明我们自己内心充满了美好。

所以，不断地去看到别人身上的好，就是在不断地看到我们自己身上的好，那么我们自然会越来越爱自己。

9. 爱自己，爱他人，爱世界

最高境界的爱，就是启动大愿，并知行合一，无我利他。全然给予，不求回报。利他，是真正的利己。众生都是一体的，每个人都是另一个版本的自己。当我们爱众生如同爱自己的时候，我们就活成了爱本身，就学会了无条件的爱。

爱，拥有这个世界上最强大的疗愈力。

当我们给出的爱越多，我们得到的爱也会越多。我最爱的一句话是，爱出者爱返，福往者福来。想要什么，就先给出去。当我们能毫无保留地给出去的时候，我们的内在是无比丰盛的。因为，我们对别人所做的，就是对自己所做的。

所以，我们尽管去爱，我们给出去的每一份爱，都会以各种方式，重新回到我们自己身上。当我们的爱达到这种境界，我们每天都会活在慈悲大爱和无条件的纯然之爱中，生命的每一天充满了喜悦、平和、感动。这样，我们就会活成闪闪发光的自己，我们就是行走的光和爱，我们所到之处，皆是美好和良善。靠近我们的人，都会被滋养，被赋能，被疗愈，被唤醒。

一颗心点亮另一颗心，一个生命影响另一个生命，一份爱，唤醒更多人的心灵。

亲爱的读者朋友，希望你读完这本书以后，重新爱上自己，每一天都试着和自己谈恋爱，你会发现一个全新世界的大门已向你敞开。在那里，你会收获无限的快乐、美好、丰盛、富足和爱。

深深地祝福你，祝福我们每个人都可以去无限创造，我们每个人都值得过上富足而喜悦的人生。

梦想篇：

每个人都可以拥有不可思议的成就

沈秀丽：赋能未来的教育导师

> 只要心中有梦，勇于追求，每个人都能成为自己生命中的英雄。

一位致力于家庭教育、青少年赋能与心理咨询的杰出教育者。她凭借扎实的学术背景，结合对心理学技术的深刻洞察，成功地将教育理念与现实生活紧密连接。

在教育领域，她凭借其独特的授课风格——励志、赋能、体验，以及 NLP 心理学技术，为广大家长和青少年带来了"青少年赋能教练""父母生命力量绽放营"和"学霸领袖梦想营"等深受欢迎的课程。她的教学不仅仅停留在理论层面，更注重学员的实战体验，帮助家长和孩子们发掘内心的潜能，绽放生命的力量。将最新的教育理念和技术融入自己的教学，为学员们提供了最前沿的知识和最具价值的实践指导。

可复制的财富力

成事者最初只有一个伟大的蓝图和毫无根据的自信而已,然而,一切不可思议的成就,从这里出发。

——《和财富做朋友》

◆ 梦想成就学业

在芸芸众生之中,有这样一位女孩,曾经平凡得近乎被忽视。颜值不倾城,学业不拔尖,甚至因课堂上的小失误而屡次惊动家长,耳边总是回响着"向表姐学习"的殷切期望,但那些话语如同细雨落湖面,未激起她内心深处的涟漪。

然而,命运的转折悄然降临于她的初中时代。她确认了自己的偶像、努力目标和人生的灯塔——复星集团董事长郭广昌先生。他的成功故事,如同一束强光,穿透了她心灵的迷雾,点燃了她对未来的无限憧憬。那一刻,她立下宏愿,要成为像郭广昌先生一样,在商界熠熠生辉的企业家。

这个梦想,如同种子在她心中生根发芽,催生出前所未有的力量。她好像被学神附体,全身心地投入学习,每一个日夜都充满了对知识的渴望和对梦想的追求。她的成绩如同破茧成蝶,从默默无闻的角落一跃成为全校第一,那份坚持与努力,让所有人见证了她的蜕变。

最终,她如愿以偿地踏入了郭广昌先生的母校——东阳中学的大门。虽然考入复旦大学的梦想暂时未能实现,但浙江大学同样以深厚的学术底蕴和广阔的舞台接纳了她。在那里,她继续磨砺自己，向着更高的目标迈进。

而她的故事，也像一股暖流，流淌进了更多孩子的心田。孩子们从她的经历中汲取力量，勇敢地追逐自己的梦想。有孩子因她而立志考入东阳中学和浙江大学，有孩子因她而学会了如何追随光、成为光、散发光。她成了他们的榜样，也成了他们追梦路上的引路人。

她就是我，沈秀丽，一个从平凡走向不凡的女孩。我正在用我的经历告诉世界：只要心中有梦，勇于追求，每个人都能成为自己生命中的英雄。

◆ 梦想成就事业

我从 2009 年就进入教育行业，以满腔热情投身于这片孕育希望与梦想的沃土。大一那年，一个青涩却坚定的我，便已成功凝聚起一支超过 80 人的学生队伍，与他们并肩同行，在学习的征途中点亮了一盏盏梦想之灯。尤为值得一提的是，那时便有几个孩子被我在心中种下了考入浙江大学的宏伟蓝图，这份信念与决心，在日后成了他们不懈奋斗的动力源泉。

在教育的长河中，我深知"学无止境"，于是，近十年来，我不惜投入百万元资金于自我学习与提升之上，力求在每一个教育细节中都能精益求精。同时，我也将这份成长的力量传递给家长，赋能于他们，共同助力孩子们树立远大理想、学会感恩、明确人生目标。

2017 年至 2019 年，是我与团队飞速成长的黄金时期。我们携手并进，从最初的单一校区扩展至三校区并进的辉煌局面，团队规模从最初的 7 人精英小队壮大为 50 人的强大阵容。而学生数量更是实现了质的飞跃，从 100 余人激增至 900 多人，每一名学生的成长与进步都是我们共同努力的见证。更难能可贵的是，我们的教育理念与服务品质赢得了广大家长与学生的高度认可，口碑载道，成了业界佳话。

这段旅程，不仅是我个人成长的轨迹，更是我们团队共同奋斗的辉煌篇章。我们坚信，教育的力量能够点亮每一个孩子的梦想，引导他们走向更加灿烂的未来。

◆ 事业挑战与转型

在教育领域深耕 15 年，我见证了无数孩子的梦想被点燃、学习动力被激发，更亲手助力三位学子登顶当地中考状元之位。然而，2020—2023 年，教育领域遭遇了前所未有的挑战。我目睹了孩子们学习热情的消退，厌学情绪蔓延，乃至抑郁等心理问题频发，这些现象如同乌云般笼罩在教育的天空。

游戏成瘾剥夺了孩子们对知识的渴望，师生间的误解与冲突让成绩滑坡成为常态，目标的缺失让"摆烂""躺平"成为部分孩子的无奈选择。家庭内部，亲子冲突的加剧让沟通成为奢望，而优秀学子步入高中后，面对的压力与焦虑更是令人揪心，失眠焦虑成为他们难以承受之重。

面对这一系列严峻问题，我深感责任重大。调研数据显示，青少年心理问题的普遍性令人警醒，抑郁症的阴影正悄然逼近越来越多的孩子。这份忧虑与使命感驱使我踏上新的学习征程，重燃内心深处的梦想——转型为一名卓越的青少年赋能导师，运用心理学的智慧与力量，为千万少年点亮心灵的灯塔，引导他们走出阴霾，活出属于自己的闪耀人生。我坚信，我们的共同努力，定能为青少年的健康成长撑起一片蓝天，用心理学助力千万少年活出闪耀的人生。

◆ 心理学赋能梦想

有幸邂逅心理学创富系统，并将这份宝贵的智慧引入我的家乡，首先为我的团队伙伴点亮心灯，引领他们清晰描绘个人愿景与梦想蓝图，不断厘定短期与长期目标，让每位成员都沐浴在信念、爱与力量的光辉中，携手助力每一位孩子的成长。

在这段旅程中，我助力孩子们驱散心灵的阴霾，激发他们内心深处的梦想之光。他们满怀自信地宣告，梦想着踏入知名大学的殿堂、成为建筑领域的巨匠、成长为外交舞台上的杰出代表……这一幕幕动人的场景，让我深感欣慰。

同时，我也运用这些心理学技术，温柔地抚平家长们原生家庭的伤痕，帮助他们重拾生命的主宰权，见证了一个个生命从黯淡走向灿烂，家庭氛围由平淡转为欢欣与和谐。

展望未来，我怀揣着将 15 年教育深耕、家庭教育研究与心理学精髓融合的心愿，精心筹备"学霸领袖赋能教练"课程。我的愿景是，将这份卓越的赋能艺术传授给每一位家长，使之成为孩子生命中的引路人，不仅点亮他们的梦想之火，更激发其内在的生命潜能，共同绘制出一幅幅灿烂的未来画卷。

◆ 我的个人品牌梦想

我憧憬着一个未来，在那里，每个家庭都沐浴在温馨与和谐的阳光下，冲突与冷漠成为过眼云烟，取而代之的是亲子间深情的交流与无条件的支持。父母们不再为育儿焦虑，而是化身为智慧的引路人，以爱为土壤，滋养孩子的心田，赋予他们成长的力量与勇气，为他们构筑起坚不可摧的心灵堡垒。

我想象中的世界，孩子们能够远离电子游戏的诱惑，转而拥抱学习的乐趣与探索的激情。他们不再迷茫于无目标的漂浮，而是清晰地绘制出自己的梦想蓝图，以饱满的热情和坚定的步伐，向着心中的星辰大海迈进。每个孩子的心中都住着一个小太阳，照亮自己的同时，也温暖着周围的一切。他们懂得感恩，善于转化，将挑战视为成长的阶梯，用智慧和韧性书写属于自己的精彩篇章。

我深信，每一个怀揣梦想与激情的灵魂都能在这片土地上找到属于自己的舞台。无论是对创业满怀憧憬的勇者，还是致力于改变世界的志士，都能顺利启航，以自己的方式为社会贡献价值，开启自己的财富之路，收获物质与精神的双重富足。

至于我，梦想成为知名的青少年赋能导师，成为青少年心灵的灯塔，用我的经历、智慧与热情，为年轻一代点亮梦想之光。我渴望我的故事成为一种激励，我的智慧之光照亮更多年轻的心田，让他们相信，只要勇敢追梦，就能让自己的生命之花绚丽绽放。

  愿这美好的愿景化作现实,让每一个生命都能成为夜空中最亮的星,共同绘出一幅幅璀璨的人生画卷,让这个世界因我们的存在而更加美好、温暖与光明。

感恩篇：

感恩的心离梦想最近

胡少敏：电商领域的心理学领航者

> 拥有感恩之心的人将被赐予更多，变得更加富裕。

如意艾灸心养生创始人，三生万物心易创富系统创始人。

作为电商和大健康产业的开拓者，曾经在一年间成功开拓40余家大健康管理机构，用业绩证明了她的远见与魄力。在取得成功之后，32岁，踏入心理学领域，追求知识与智慧，以心理学赋能商业，成为知识改变命运的践行者。34岁，亲自去往贵州大山深处，探访留守儿童，为他们带去爱、关怀、温暖和希望，用自己的力量为社会贡献爱心，实现慈善梦。

1990年，我出生于一个四线小城市。我的家庭很普通，家境不算富裕，从我记事起，爸爸妈妈就是一副奔波劳累的形象。

我可以算是一个没有童年的孩子。爸爸妈妈都不属于情感细腻的人，没带我旅行过，也没有给我买过玩具，更没有什么宠溺。我遇见任何事情都需一个人面对，放学淋雨走夜路回家，高中、大学开学独自报到……

爸爸妈妈经常对我说："我们没有什么能耐，你得靠你自己。"因此，我从小就特别独立坚强。

我感觉自己像打不死的"小强"，自愈能力超级强。

例如，上小学六年级时，我有了弟弟，那时爸爸经常在外工作，妈妈产后焦虑无人帮扶，而我正值青春叛逆期，因此几乎天天和妈妈吵架。但每次吵完架我哭着出门，很快就会安抚好自己，然后回家。

这样的童年生活造就了我的性格，而我从来没有抱怨过。因为我从很小的时候就懂得，爸爸妈妈是爱我的，只是和别的爸爸妈妈爱孩子的方式不一样！我甚至一直觉得自己是上天的宠儿，特别幸运。现在想想，我是多么有智慧，有如此正向的思维。初中时，身边的朋友都说我像个小太阳一样，天天充满正能量。

后来，我像其他普通孩子一样上了大学。当然，因为叛逆，我学习不够努力，上了普通的大学。不过，我是一个只要想努力，就一定能获得好结果的人，所以大学里，我年年拿国家励志奖学金。

毕业大约一年，2014年1月6日，我就结婚了。回头想想，这真是重生的契机。

婚后不久，如我所愿，我怀了蜜月宝宝。还沉浸在喜悦中时，我就迎来了超级严重的孕吐反应，一天吐七八次，这一吐直接吐到了怀孕 7 个多月。其间，由于身体不适，我和家人产生了很多摩擦，自己也天天郁郁寡欢。但我心存希望，觉得生了孩子就好了。

2014 年 10 月 4 日，经历了 18 个小时的产痛，我一声没吭，顺产生下了我的儿子葫芦。那时我以为一切都好了，然而，那才是噩梦的开始。

◆ 在一地鸡毛的日子里艰难求生

生完孩子，真的就开启了一地鸡毛的日子。家庭关系越发紧张、初为人母的各种不适，还有有了孩子后的经济紧张，很快就让我陷入了产后焦虑。孩子五六个月大时，我一夜醒十几次。我濒临崩溃，经常以泪洗面，感觉自己活得像一头牛！

为什么这样说呢？

因为那时我发现一直有干不完的活。我像个陀螺，天天围着家、围着孩子转个不停。

我爱人的工作很稳定，但是工资比较少，根本养不活我们一家，所以我们经常因为钱而吵架。那时我也深深体会到，什么叫"贫贱夫妻百事哀"。

2015 年，带着孩子的我决定做电商，不为自己也得为孩子，因为做妈妈的总想给孩子更好、更多，真的是女子本弱，为母则刚。

刚开始时，我每天趁孩子睡着，在微信群里加好友，中午加、晚上加，一年的时间，从 78 个好友，增加到了 5000 个好友，这个简单重复的事情也成就了我，真的是简单的事情重复做，重复的事情简单做，你就会变得不简单！

不到半年时间，我一手孩子，一手电商，月收入就达到了平均 1.5 万元，拥有了百人团队。我的生活在别人眼里还算不错，但只有我知道，我每天依旧有干不完的活，非常疲惫。并且，直至 2019 年，我的收入一直都没有突破。尤其是在 2018 年生了女儿如意后，我的生活、经济反而又都陷入了紧张中。

那时候我每天很累，抱怨为什么公婆不给看孩子，为什么老公挣得那么少……但一边又想着，我要给两个孩子最好的，我要让父母不那么辛苦……我很努力，但越来越看不到希望……

2019 年底，我学习了《易经》，对传统文化有了较为深入的了解。接着，我考察了葫芦灸项目，一眼就相中了。2020 年新冠疫情期间，我逆风而上，开始做起了实体艾灸。我加盟了某个品牌，一个月的时间当上了邯郸总代理，除了自己的店，还招到了近 40 家合作店。那年我的事业做得风生水起，收入有了很大的突破，翻了 3 倍。

但到了 2021 年，因为长期掏空自己，我体力不支，加上不懂实体团队的管理，还有公司要转型等重大原因，导致团队人员流失，我一下子又回到了"解放"前……

这段时间是我的人生至暗时期，我迷茫、焦虑，更有不甘。我在想，难道接下来我就要接受平庸吗？但我又想，2020 年我突破了自己，接下来是否可以再次突破？

我不接受此生与平庸为伴！我突然觉知，我之前之所以崛起，是因为我选择了学习，但后来没有继续学习。

过去是什么方式成就了我，接下来继续用什么方式成就我！

◆ 用学习和成长突破人生的瓶颈

我又开始了学习之路，中医、传统文化、抖音媒体……学了很多，好像还是没有学到本质，不知道怎么赚钱，收入依旧没发生什么改变——我个人一直拿我的收入来衡量我的能力和成长。

就在天天累得像头牛，却赚不到想要的钱时，我终于在 2022 年 8 月 18 日，看到了一条朋友圈，从此开启了我的逆袭之旅！

那条朋友圈是一位单亲妈妈发的，她在 46 岁生日时带两个女儿从上海移居到大理。这条朋友圈让我有很深的触动，于是我和这位单亲妈妈进行了私聊。

我问她：是什么力量让你有如此大的勇气，做出这么棒的选择？

她说：是因为我有了随时随地都可以赚到钱的底气！

通过与她的对谈和学习，我找到了这么多年来我这么累的原因，找到了我的很多卡点，还知道了是我的财富"木马程序"导致了问题。例如，我的妈妈告诉我，有钱人都很现实（使我潜意识里不敢成为有钱人），等等。但幸运的是，我找到了问题并且学到了解决方法！榜样在前，我决定开始学习心理学创富系统！

荣格说：潜意识操控着我们的人生，我们称之为命运！

当潜意识被意识化，命运将被改写！我深深领悟了《和财富做朋友》中的一段话：

每个人都是一朵浪花，可以活出整个海洋的无限可能性。

只是在成长的过程中，你不小心被装进了瓶子，你便以为你的人生的可能性只有瓶子这么大。

随之而来的是，我的主业艾灸生意也越来越好，团队越来越强大。我学会了如何带团队，也找到了之前失败的原因。

现在的我，每天都做着有意义的事，每天都无比幸福地生活。

◆ 感恩的心离梦想与财富最近

据统计，成功的人有一个共同点，那就是感恩。

我的个人IP之所以能创建成功，很大原因是，多年来一直有一句话深深刻在我的心里，那就是——感恩的心离财富最近，越感恩越拥有！

让我们每个人都拥有感恩的力量，获得成功！

1. 感恩之心

拥有感恩之心的人将被赐予更多，变得更加富裕。

心很小，只有拳头那么小，但感恩之心可以很大很大，大到包罗万象！

例如，感恩身体健康之心，感恩工作和事业之心，感恩财富之心，感恩人际关系之心，感恩个人愿望之心，感恩物质之心，感恩空气之心……

这颗感恩之心需要我们去养，养得很大很大，能装进一草一木，更能容纳山河湖海！

我从很小的时候，就经常感恩我的健康、感恩大自然，所以我的自愈能力很强。当我拥有感恩之心，大自然本身就是对我的馈赠！一直活在感恩的世界里，内心就会无比富足，因为只有用我们有的，才会换来我们没有的！

只有用富足的心，才能追求到富足！

养大自己的感恩之心，你会收获不可思议的富足感！

2. 感恩之觉

觉察是一种智慧，最好的学习发生在生活中。那如何在生活中去培养感恩之觉呢？

我们可以为自己设置感恩路径来提醒自己，这是个很好的培养感恩之觉的方法。例如，我的女儿5岁半，她的感恩路径是我每天放学接她回来的路。在路上，她会说：妈妈，我要开始感恩了。感恩老师今天教授我知识，感恩我们家的车载我回家，感恩我身上的每件衣服，感恩路边的花花草草，感恩爸爸妈妈给我一个幸福的家，感恩"钱宝宝"帮我买到我想买的好吃的，感恩大自然的风……

每次听她喃喃细语地分享着她的感恩，我都感觉被滋养了。认识我家女儿的人都知道，我女儿是一个幸福感极强的孩子，很大的原因就在于我培养了她的感恩之觉！

一个拥有感恩之觉的孩子，会让本属于孩子的快乐翻倍！一个拥有感恩之觉的成人，会快速拥有快乐的能力。

感恩之觉就是快乐的锦囊！

3. 感恩之行

感恩之行的力量无可匹敌，行动，就可以拥有更多财富！

感恩之行，有一个特别行之有效的方法，那就是写感恩日记。

我有一位学员坚持践行感恩日记，每天列下当日需要感恩的 10 件事。她成长飞快，曾经经常抱怨、精神匮乏的她，很快就实现了心灵的成长，并且财富倍增。她深知写感恩日记的好处，现在已养成了习惯。

◆ 个人 IP 创建避坑指南

1. 切忌没有感恩之心

所有成事者都有一个特点，那就是懂得感恩。

如果没有感恩之心，基本人设就会崩塌，别说想做好个人 IP，想做好其他事业也很难。

所以想做个人 IP 的人，拥有感恩之心是基础。

2. 切忌没有内容只有营销

做这个行业能做得好，并且持久做下去的人，一定得有内容，这才是实实在在的能力。如果只有营销，但没有内容，就会失去客户的信任，就是在"割韭菜"。所以一定要有内容，并且要超值交付。

3. 切忌三天打鱼两天晒网

今天想做了，就发几条视频，明天不想做了，就好久没动静，这是万万不行的。个人 IP 做的是势能的累积和叠加，贵在坚持，坚持才会有好结果。

成在坚持，难在坚持，贵在坚持！

4. 切忌不清晰自己的定位

一定要选好定位，最好是找到细分领域，然后深耕。有些做个人 IP 的人，今天分享这个老师的课，明天又分享那个老师的内容，后天又换了个老师。

在不同领域耕作 100 米，不如找好一个领域深耕 1000 米。

5. 切忌不相信

要相信相信的力量。很多人做不好，是因为不相信自己，也不相信趋势，更不相信平台……你的成功来源于你的相信。

只有相信，才能创造出你想要的未来！

追梦篇：

我的"梦想实现指南"

尹会容：多元背景、不断追求卓越的奋斗女性

> 你的梦想有多大，你的成就就有多大！

从上海到深圳，再到长沙，她的职业生涯遍布多个行业，每一次转身都铸就新的里程碑。在科技研学、汽车、电商和特殊教育等领域，她均有建树，多次荣获行业荣誉，树立专业标杆。而在心理学领域，她以自由职业者的身份，将自我疗愈与收入变现完美结合，实现年收入50万元的飞跃。

她不仅是职业上的佼佼者，更是公益服务的热心人。在湖南省红十字无偿献血志愿服务中心等机构，她无私奉献超过300小时，以实际行动诠释着对社会的关怀与责任感。

◆ 没有梦想，就没有方向

我 41 年的人生，一直很顺利、很幸运。虽然没有很高的追求，但我喜欢"折腾"。我做过杂志出版，做过教育；做过淘宝店主，做过电商；做过企划部的负责人，也自己创过业……

我一直安逸地生活着，没有方向，没有期待，没有烦恼，没有忧愁。

因为没有梦想，我也就没有持续的动力，想到哪做到哪，就像导航没有目的地，小鸟没有翅膀。我以为我的人生就会这样，波澜不惊地走下去，一直到老，但是人生哪能没有波折，在我四十不惑之年，我遭遇了人生的当头棒喝。

◆ 人生的至暗时刻

2022 年，我遭遇了人生至暗时刻。

公司解散，我被迫离职。这对于一直把工作当成生活重要组成部分的我，是一个沉重的打击，我陷入了焦虑之中，迫切需要开始新的事业旅程。我积极寻找新的机会和项目，很快我和朋友一起投资 4 万元准备做轻医美，当时觉得这是个不错的市场。我在平台上学了技术、学了营销，决定开始大干一番，但是很快我选择了放弃，这并非我擅长的主线领域。

同时，我和 3 个朋友一起投资，创业做抖音。我们租了办公室，买了各种设备，在做得还不错的时候，又因为各种原因被迫解散，损失了资金和大半年的时间。

停下来后，我每日又闲又慌，但又不愿出去见人。我窝在家里，为收入而焦虑，为孩子的学费和培训费而发愁。初中的孩子，一个暑假的培训费就要大约 2 万元，两个孩子的学费也是大约 2 万元，还有每个月 1 万元左右的生活开支，处处都需要用钱。

在那段急需经济缓冲的日子里，我踏上了求职之旅，我打算找份合适的工作以解燃眉之急。与此同时，命运巧妙地安排我成为公益组织的一员，以志愿者的身份，将我的专长倾注于策划与实施各类实践活动中，担任助教、讲师，撰写公众号文章，这些经历如同一股清泉，缓解了我内心的焦躁与压力。

然而，正当我准备重拾职业生涯时，父亲的重病如晴天霹雳，彻底打乱了我的生活节奏。那一个月，我 24 小时全身心投入地陪伴与照料，却依然无法抵挡无情的病魔。他被转到了重症监护室。没想到，才短短的几天时间，他就离开了我们。父亲的骤然离世，如同沉重的巨石压在我心头，自责与内疚交织成一张难以挣脱的网，让我深陷其中，无法自拔。尽管我先生一直劝慰我说：结果是不好的时候，你怎么选都有遗憾。他试图用温暖的话语为我指引方向。我理智上有所领悟，但是情感的枷锁仍旧牢固。

好不容易拖着疲惫的身躯，处理完爸爸的事情，隐藏悲伤的情绪，打算重启工作的旅程，新冠疫情再次将我推向生活的边缘。待业在家的日子里，孤独与无助如影随形，让我对自我的承受能力产生了前所未有的质疑。就在我几近崩溃之际，一直有基础病的公公突然离世，那份未能见上最后一面的遗憾，如同利刃般刺痛着我,让我深刻体会到"树欲静而风不止,子欲养而亲不待"的锥心之痛。

两位至亲的相继离世,让我陷入了深深的自责与反思,我渴望弥补,渴望做得更好,但现实的残酷却让我深感无力。这份沉重的心情,我独自承受,未曾向任何人倾诉,只因那份接近崩溃边缘的脆弱,让我害怕被轻易触碰。

一直以来,我秉持着随遇而安的生活态度,缺乏明确的规划与储蓄意识,常做"月光族"。然而,命运似乎在一夕之间对我进行了严峻的考验:失业的打击、投资的挫败、父亲的骤然离世、公公的病重辞世,接踵而至的困境让我措手不及,连为公公安排后事都需借贷,这无疑是我人生中最暗淡无光的时刻。

人们常说,人生如戏,我们都是这舞台上各自故事的主角,演绎着悲欢离合。但对我而言,这场戏的剧本似乎异常沉重。在41岁这个本该稳健前行的年纪,我不仅遭遇了中年失业的危机,更失去了生命中两位至亲之人,每一次失去都像是在我心中刻下了难以愈合的伤痕。

那段日子,我被内疚、自责、痛苦与煎熬包围,仿佛置身于无尽的黑夜之中,难以觅得一丝光亮。我曾无数次地自问,我的人生是否就此沉沦,再无翻身之日?这份绝望与无助,几乎将我吞噬。

但正如有人所言,除了生死,人生中的一切困难与挑战都只是暂时的磨砺。虽然我的经历远非轻描淡写的"擦伤",但我深知,只有经历过风雨,才能更加珍惜彩虹的绚烂。在人生的低谷中,我学会了坚韧与自省,也更加明白了亲情的珍贵与生命的脆弱。这段经历，虽然痛苦，却也成了我人生中最宝贵的财富，激励着我继续前行，寻找属于自己的光明未来。

在这一转折点上，我踏上了自我激活的征途，我知道我必须"自救"！通过孜孜不倦的学习与深刻的自我反思，每一天都以晨起为起点，静心凝思；以感恩日记铭记生活的点滴温暖，以成功日记激励前行的每一步。同时，我积极投身于资格感与价值感的深度练习中，重塑自我认知，唤醒内心潜能。经过这番不懈的努力，我不仅成功驱散了心头的阴霾，跨越了人生的重重障碍，更在曙光初现之时，找到了属于自己的璀璨星光——成为一名"升学规划导师"，并以此为基石，构建起了自己独一无二的品牌，引领着更多学子照亮未来的道路。

💎 梦想实现指南

每个人都有梦想，或大或小，或远或近。我也有了我的梦想。实现梦想的过程中，我也常常会遭遇各种各样的坑。这些坑可能会让人失去方向，甚至放弃梦想。

为了帮助各位读者朋友更好地前行，下面是我整理的一份"梦想实现指南"，希望能助大家一臂之力。

1. 找到天赋使命和热爱

梦想，是我们内心最深处的向往，是我们人生的指南针，是让我们勇往直前的动力源泉。找到你的天赋使命和热爱，就找到了你的梦想。借助心理学创富系统的热情测试和梦想清单，我找到了我的热情和天赋。

2. 遵循热情去生活

其实,第一次做热情测试得出的事项中,我只实现了一个。我总结反思的时候发现,我在面临选择、感到纠结时,没有遵循我的热情去生活,这样就偏离了我的方向。发现了这一点后,我马上调整。每当不知道如何选择、纠结内耗时,我就回归我的热情,遵循热情去生活。用这条准则来做选择,我发现,我不纠结内耗了,内心更笃定了。

3. 明确目标与规划

在实现梦想的过程中,明确的目标和详细的规划至关重要。我曾是一个活在当下,不喜欢列目标的人。但是自从我跟着佘荣荣老师学习,我学会了列出目标。

首先,你需要清楚地知道自己想要什么,并设定一个具体、可衡量的目标。其次,要制定一个详细的计划,包括具体的时间表、步骤和预期成果,这样可以帮助你更好地掌控整个过程,避免走弯路。

4. 坚持与自律

实现梦想需要时间和耐心,因此,坚持和自律显得尤为重要。你可能会遇到各种挫折和困难,但只要坚持不懈、不断努力,终会实现目标。同时,要保持自律,让自己在追求梦想的过程中始终保持高效和专注。

5. 学习与成长

实现梦想需要不断提升自己的能力和素质。因此,你需要不断学习新知识,拓宽视野,提高自己的竞争力。同时,也要学会从失败中汲取教训、总结经验,以便更好地应对未来的挑战。

6. 合作与分享

在实现梦想的过程中,与他人合作和分享经验是非常有益的。你可以寻找志同道合的人一起努力,相互支持和鼓励。此外,分享你的经验和成果,不仅可以让自己得到更多反馈和建议,还有助于建立更广泛的人脉关系。

7. 调整心态与保持信心

实现梦想的过程中,心态和信心同样重要。你需要学会调整自己的心态,保持积极乐观的态度。当遇到困难时,不要轻易放弃,而要坚持下去,相信自己一定能够克服困难、实现目标。

8. 保持身心健康

实现梦想需要付出努力和时间,但这并不意味着你要忽视自己的身心健康。保持健康的身体和心理状态是实现梦想的基石。因此,请务必关注自己的饮食、运动和休息情况,确保自己在追梦的道路上保持最佳状态。同时,也要学会在工作和生活中找到平衡,让自己在追求梦想的过程中享受生活的美好。

9. 不断反思与调整

在实现梦想的过程中，不断反思和调整是非常关键的。你需要定期回顾自己的进展和成果，评估自己的表现，找出存在的问题和不足。然后，根据反思的结果，及时调整自己的目标和计划，确保自己在正确的道路上前进。

实现梦想并不是一件容易的事情，但只要你遵循以上指南，不断努力，我相信你一定能够战胜各种困难，最终实现自己的梦想。

梦想如同星辰，照亮我们前行的道路。它让我们在黑暗中看到希望，让我们在困境中找到出路。梦想的力量，在于它能激发我们内心的潜能，让我们超越自我、挑战极限。正因有了梦想，我们才能在人生的道路上不断前行，不断进步。

梦想的实现，需要我们付出努力和汗水。没有付出就没有收获。我们要用行动去证明自己的决心，用汗水去浇灌自己的梦想之花。只有不断地努力，我们才能逐渐接近梦想，最终实现它。

然而，实现梦想的路并不是一帆风顺的。在追梦的道路上，我们会遇到各种各样的困难和挑战。有时，我们会感到迷茫和无助，甚至想要放弃。但正是这些困难和挑战，锻炼了我们的意志，让我们更加坚定自己的梦想。我们要相信，只要我们坚持下去，就一定能够战胜一切困难，实现自己的梦想。

梦想的意义，不仅在于实现它本身，更在于追梦的过程。在追梦的过程中，我们学会了成长，学会了坚强，学会了面对困难和挑战。这些经历让我们变得更加成熟和睿智，也让我们更加珍惜自己的梦想和人生。

梦想，是我们人生的宝贵财富。它让我们在人生的道路上不断前行、不断追求更高的目标。无论我们的梦想是什么，只要我们勇敢地去追求它，就一定能够创造出属于自己的精彩人生。

让我们怀揣梦想，勇往直前吧！无论前方的道路多么曲折坎坷，只要我们心中有梦想，就有无尽的力量和勇气去面对一切。

让我们用梦想点亮人生的每一个角落，让我们的生活因梦想而更加精彩！

你的梦想有多大，你的成就就有多大！

情感篇：

接受爱，成为爱，传播爱

王艳湘：跨界创业女杰

> 爱是一种力量，它能够改变我们的人生轨迹，也能够改变世界的面貌。

王艳湘，勇敢的跨界创业者，她的职业生涯跨越多个领域，从电气工程师的理性分析到美容界领袖的敏锐洞察，再到电商的迅猛扩张，最终在大健康产业书写了辉煌的创业篇章。短短3年间，她成功将2家门店拓展至23家加盟连锁店，展现出惊人的创业能力与战略眼光。

她不仅拥有强大的创业能力，同时也热心公益、关爱他人。她深谙心理健康的重要性，深入学习心理学知识，并以此为媒介，为更多人带去内心的安宁与力量。一个不断挑战自我、追求卓越的女性典范，用她的跨界创业故事和心灵关怀，向世界展示着女性的无限可能与力量。

情感篇：接受爱，成为爱，传播爱

在人生的长河中，每个人都是独一无二的航行者，各自承载着不同的故事与伤痛，也怀揣着希望与梦想。我的故事，是一段关于自我疗愈、接受爱、成为爱，并最终传播爱的旅程。它始于童年的阴影，穿越风雨，最终在爱的光芒中绽放。

◆ 童年的阴影：脆弱与自卑的萌芽

童年的我，仿佛被一层厚重的阴霾笼罩。我的哥哥只比我大 1 岁，又是妈妈摔跤生下来的不足 8 个月的早产儿，因此他生下来就被送到恒温室的婴儿箱里照顾。而我 1 岁时，就被送到了乡下的外婆家。当时，外公外婆身边已经有 7 个孩子（我的 4 个姨妈和 3 个舅舅），我是第 8 个。

虽然我得到了外公外婆的宠爱，但是比我大不了几岁的小舅、小姨因嫉妒外婆对我的特殊照顾，一直嚷嚷着我没有爸爸妈妈，说我是没人要的孩子。这些嫉妒与嘲笑，像一把无形的刀，不断切割着我的自尊与自信。

快 7 岁时，我才回到城里的父母身边。我哥哥是天之骄子，继承了父母所有的优点，长相英俊、皮肤白皙、头脑聪明、阳光好动……对于天上掉下的丑妹妹（又黑又瘦，整天挂着个鼻涕泡，还跟他抢爸爸妈妈），他一直很嫌弃。

当时我妈妈非常重男轻女，宠溺我哥哥。我经常因为哥哥调皮闯的祸而被妈妈乱打乱骂。妈妈对我非常粗暴，非打即骂，而且用的是非常恶毒的语气与难听的词语。我曾问过爸爸妈妈我是从哪里来的，妈妈说我是从垃圾堆里捡的。因此，一直以来我和妈妈的关系非常糟糕。

我常常自问，为何我如此不受欢迎？为何我总是那个"没人要的孩子"？这些疑问和伤痛，在我心中埋下了自卑与胆小的种子，让我在成长的路上，总是小心翼翼，害怕被抛弃，害怕被伤害。

小小的我并不明白妈妈的辛苦和无力，也无更好的方法面对当时的问题……当年，我的父亲特别能干，常年出差在外，一年365天里有近300天在全国各地忙事业。所以我妈妈除了工作，还要照顾4个孩子，包括哥哥和我，还有小舅、小姨。我哥哥又特别调皮，给妈妈添了很多麻烦，让她身心俱疲。

然而，正是这些经历，悄然在我心中种下了寻求理解、渴望被爱的种子。

◆ 父亲的阳光：希望的种子悄然生根

然而，在这片阴霾之中，也有一束光，穿透云层，照进了我的世界。那就是我的父亲。他是我成长的引路人。父亲用他深厚的文化底蕴和无尽的耐心，为我打开了知识的大门，让我在书籍的海洋中找到了慰藉与力量。他告诉我，我们家族是王羲之的后代，流淌着书香门第的血液。这份荣耀与自豪，让我看到了自己的价值，也让我开始相信，我也可以成为像父亲那样优秀的人。

可能是继承了父亲的智慧，所以尽管我受教育晚，但是在父亲同时教我和哥哥时，我学得甚至比哥哥好。父亲也因此一直对我有更多的要求，希望我更加卓越。我没有辜负父亲的期望，一直努力读书、用功学习，在并不算温暖的环境中，努力向阳生长。

在父亲的鼓励下，我努力学习，不断进取。虽然母亲的冷漠与哥哥的嫌弃时常让我心灰意冷，但父亲的爱与信任，如同冬日里的暖阳，温暖着我冰封的心田。我开始明白，只有通过自己的努力，才能赢得别人的尊重与认可。于是，我更加坚定了向阳而生的信念，努力在并不温暖的环境中，绽放出属于自己的光芒。

◆ 挑战：家庭关系的磨砺与心灵的觉醒

父亲出差的日子，我几乎不太说话，整日与书为友。我与母亲、哥哥相处非常不和谐。父亲回来时，常常会因为看到妈妈的重男轻女、对我的虐待行为而呵斥妈妈，甚至会和妈妈大吵，这让年少的我感到非常害怕。

直到高一，我爸爸妈妈因为性格不合而想选择离婚。当时，我已经考进省重点高中，并且一直是年级前十名，成绩很优秀。但面对父母的争吵、闹离婚，我几乎无法继续学习，掉到了普通班的后几名。

当时，父亲问我选择跟谁，我非常地难过，觉得他们离婚是因为我。所以我说，我谁也不跟，我谁也不选择。

为了我，父亲选择不再吵架，也不离婚，而是外出工作（当时他的单位在深圳有工程，赚钱也比较多）。

父亲走后，一直给我写信，告诉我沿海的发展，鼓励我好好学习。正是这些信件，支撑着我走过了那段暗淡的日子，也让我更加坚定了自己的梦想与追求。

◆ 青春的挣扎：痛苦与自我救赎

没有了父母的争吵，日子变得很简单。我与母亲几乎没有交流，但这样我也就能静下心去学习了。

父亲每周寄来的 2 封书信给了我源源不断的鼓励与支持。我考上了大学，并以优秀毕业生的身份被分配到了当时比较好的单位。正是父亲给我养成的习惯，让我一直坚持不懈地学习，不断成长。

然而，生活的磨难并未就此结束。

22 岁那年，大学刚毕业半年的我，因一段暗恋和复杂的人际关系，心灵备受折磨。那段时间，我痛苦得几乎无法呼吸，自卑与自责如潮水般频频涌来。

我选择逃避、退缩，不吃不喝也不睡觉，不去单位，不见任何人，一味想轻生……母亲无奈之下只能把我送到精神病院。我患上了重度抑郁，甚至被误诊为精神分裂症。那段日子，我陷入了深深的绝望之中，逃避、退缩，甚至想要放弃自己的生命。但父亲的及时归来与无微不至的关爱，让我重新看到了生活的希望。在他的呵护下，我逐渐走出了阴霾，重返工作岗位，找回了自己的自信与力量。

◈ 错误的认知让我与父亲分道扬镳

远在他乡的父亲得知我生病的消息后,匆匆赶回。

他牵着我的手问我:"怎么了,幺儿,你这是怎么了,好好的怎么会这样?"

父亲无微不至的关爱与理解,如冬日暖阳般温暖了我冰封的心。在他的呵护下,仅一周时间,我就走出了阴霾,重返工作岗位,没有吃任何药物。

一年后,因工作表现优异,我晋升为技术骨干,身边也有了不少优秀的追求者。

然而,由于被贴上了精神分裂症的标签,我严重缺乏自信,加上不配得感,我最终选择了一个根本不被亲朋好友看好的对象。父亲对此也极力反对,但当时的我,深受自卑的困扰,有些叛逆,觉得这个人对我好,别的事情我可以不用考虑。

因此,我与父亲的关系也降至冰点,父亲又选择了远走他乡,只留下了一封信,让我好自为之。

◈ 因女儿的教育,我结缘了心理学

我 24 岁便踏入了不被家人祝福的婚姻。2 年后,女儿的降生为我的生活带来了一丝慰藉。然而,由于我缺乏经营婚姻和处理亲密关系的能力,最终在女儿 7 岁时,我不得不选择与丈夫分开。

我没有立刻和丈夫离婚，而是为了惩罚他的过错，给了他1年时间改过自新。然而，不到半年，他便与他人组建了新的家庭，而将女儿留在了爷爷奶奶家。

此后，我的女儿开始出现各种问题。每当接到"状告"女儿问题的电话，我的心都如刀绞般疼痛。为了解决这些问题，我开始深入学习心理学，努力陪伴女儿走过每一个重要时刻。

真正让我实现自我疗愈的，并不是外界的帮助与鼓励，而是我内心深处对爱的觉醒与接纳。我开始意识到，只有真正接受自己、爱自己，才能拥有真正的幸福与快乐。于是，我开始努力学习心理学知识，尝试理解自己的内心世界，也尝试着去理解和接纳他人。

我的努力没有白费，最终，女儿以优异的成绩考入了一所985大学的生物专业，本研博连读。

在陪伴女儿成长的过程中，我更是深刻体会到了爱的力量。我用自己的经历与所学，帮助女儿克服了一个又一个困难。看到她从一个懵懂无知的孩子成长为一名优秀的大学生时，我深感欣慰与自豪。同时，我也意识到，自己已经不再是那个自卑、胆小的孩子了。我已经成为一个有能力去爱、去传递爱的人。

◆ 精神分裂症的标签如影随形，让我无法拥有快乐的人生

"精神分裂症"这个标签就像一根毒刺，深深地扎在我的心头，让我无法言说内心的痛苦。

我表面上与父母和男朋友相处融洽，但内心深处却充满了压

抑与自卑。尽管当时从事美业事业有小成，也被同行和客户认可，但我始终无法摆脱内心的困扰。为了寻找出路，我四处求学、加盟、投入资金，却因此被父母误解为不务正业、轻信他人。我与父亲之间的隔阂日益加深，他对我和哥哥的未来充满了担忧。

　　2018年，我选择了持续学习和创业，并取得了一定的成绩。然而，2019年的新冠疫情让我不得不关闭门店。面对困境，我选择了线上大健康领域，同时学习、经营电商，逐渐取得了一定的成绩。新冠疫情结束后，我重新开设了实体养生馆。然而，繁忙的工作让我无法陪伴父母，他们的关系也出现了严重的问题。一次，母亲病危被送往医院，为了照顾她，我决定暂时关闭店铺，全心全意陪伴父母求医问药、照顾父母生活起居。在这个过程中，我深刻感受到父亲内心的忧虑，主要是对我哥哥一家未来的不确定。

◆ 爱的重生：爱的力量改变一切

　　我一直想要解决家人的困扰，随着学习的深入，我逐渐明白了我的根本问题。

　　在学习过程中，我逐渐领悟到，只有先活出自己，才能影响他人。而活出自己的关键，在于学会真正爱自己、珍惜自己的一切。

　　我试着调解父母之间的关系，渐渐地，他们持续了50多年的相互指责和批评变得越来越少，取而代之的是像年轻人一样，拥抱彼此，称呼对方为"老公""老婆"。那些日子，我常看到82

岁和 77 岁的父母像小情侣一样打情骂俏，我内心充满了喜悦和感慨。

然而，命运总是充满了变数。父亲一生都在为家庭付出，从未真正为自己活过一天。他舍不得为自己的健康投入，总是把更多的爱留给我们，自己落下一身病。最终，在 2024 年大年初三晚上 10 点 20 分，他永远地离开了我们。

失去父亲的痛苦让我和妈妈难以承受，但我们必须努力走出痛苦的阴影。妈妈逐渐放下了对哥哥的责怪和不满，开始用无条件的爱包容和祝福他。更重要的是，妈妈也开始学会真正爱自己、珍惜自己。尽管她对父亲仍有许多眷恋和不舍，但她也开始将爱传递给我、我的爱人以及我的婆婆，还有家族中的其他人。

现在，母亲与我的关系是满满的一百分。哥哥与母亲的关系也开始升温。

更重要的是我学会了如何爱自己、珍惜自己。我不再为过去的伤痛所困扰，也不再为未来的不确定而担忧。我相信只要心中有爱，就有无限的可能与希望。我开始将这份爱传递给身边的每一个人，无论是朋友、同事还是陌生人。我用自己的经历与所学帮助他们走出困境、重拾信心。

如今，我已经成了爱本身，影响着自己的朋友圈子。我相信只要每个人都能够接受爱、成为爱、传播爱，我们的世界就会变得更加美好与幸福。因为爱的力量是无比强大的，它能够穿透一切阴霾，照亮我们前行的道路。

◆ 爱与希望

回望过去的岁月，我不禁感慨万千。从童年的阴影到如今的阳光与自信，我经历了太多的磨难与挑战，但也收获了无数的爱与希望。我深知自己能够走到今天，是因为内心那份对爱的渴望和不懈追求。如今，我站在新的起点上，心中充满了感激与期待。

感激那些在我生命中给予我支持与鼓励的人，是他们的爱让我学会了坚强与勇敢。感激那些曾经伤害过我的人，是他们的冷漠与忽视让我更加懂得珍惜与感恩。感激每一次的失败与挫折，是它们让我成长，让我学会了如何面对困难与挑战。

同时，我也期待着未来的自己。我相信，只要心中有爱，就能创造出更加美好的未来。我计划继续深入学习心理学知识，不仅为了自己，也为了帮助更多的人走出困境，重拾对生活的希望。我希望能够成为一个优秀的心理咨询师，用我的专业知识与丰富经验，为每一个需要帮助的人带去温暖与光明。

我也将更加注重家庭的和谐与幸福。我知道，家庭的温暖与支持是我前进的动力源泉。我会尽我所能去照顾母亲和女儿，让她们感受到我的爱与关怀。同时，我也会与哥哥保持良好的关系，共同为家庭的繁荣与幸福努力。

此外，我还将积极参与公益事业，为我的第二故乡攀枝花贡献自己的一份力量。我相信，每一个人都能够通过自己的努力去改变世界，让这个世界变得更加美好。我将利用自己的专业知识和经验，为弱势群体提供帮助与支持，让他们感受到社会的温暖与关爱。

最后,我想说的是,爱是一种力量,它能够改变我们的人生轨迹,也能够改变世界的面貌。我希望每一个人都能够勇敢地接受爱、成为爱、传播爱。无论我们身处何地、面对何种困难与挑战,只要我们心中有爱、有希望,就一定能够创造出属于自己的美好未来。

让我们携手共进,接受爱,成为爱,传播爱,在爱的光芒中绽放属于我们的光彩!愿我们的世界因爱而美好、因希望而光明!

坚毅篇：

刻意练习＋努力＝实现目标

苏艺：科研专家，心理导师

> 坚毅是摔倒了 7 次，再第 8 次站起来。

苏艺，工科博士，资深轨道交通工程专家，拥有丰富的项目管理与技术创新经验，成功指导多项地铁线路施工关键技术。凭借对科学的追求，她的成果屡获科技大奖。

此外，苏艺教授亦是一位心灵导师，自 2019 年起深入研习心理学，致力于提升家庭与孩子的成长能量。她运用心理学知识，成功帮助厌学、抑郁的孩子重返校园，成绩显著提升。

作为贵州某大学的学科专业大师及心理辅导老师，苏艺以她的专业知识和人文关怀，帮助上百名学生摆脱心理困扰，展现了跨学科的卓越才能与人文情怀。

◆ 我对坚毅品质的认知

所有人都会受到限制——不仅是天分方面，还有机遇方面。但是，我们通常都没有想到，这些限制是我们自己加在自己身上的。例如，我们去尝试一件事，失败了，于是就认为自己已经到达了自身的极限。或者，我们刚走几步，就改变了方向。无论是哪种情形，我们都无法实现自己的目标。

坚毅是一步接一步地走下去；坚毅是牢牢地抓住自己感兴趣又有意义的目标不放；坚毅是日复一日、年复一年地投入具有挑战性的练习之中；坚毅是摔倒了7次，再第8次站起来。

所谓"光鲜"的履历，背后是百折不挠的坚毅，是不断挑战自己的勇气和锲而不舍的精神。一个拥有坚毅品格、自我认知能力和"成长型思维"模式的人更容易获得成功。

天赋 × 努力 = 技能，技能 × 努力 = 成就。即便你有天赋，两个公式中的努力依然不可或缺，换句话说，如果你没有拥抱无聊和沮丧的能力，你可能也无法有所成就，因为几乎所有的成功中都少不了一种叫作"刻意练习"的努力。中国有句古话，"台上一分钟，台下十年功"，说的也是这个道理——你必须非常努力，才能看起来毫不费力。

◆ 原生家庭和环境对坚毅品质的培养

我出生于一个"天无三日晴、地无三尺平"的二线城市，妈妈是小学语文老师、爸爸是文艺工作者，在我小时候的印象中，爸爸总是出差演出，妈妈工作很忙，除了照顾我和姐姐，还要照顾她所带班级的学生。所以我从小学习和生活上多是靠自己，自己上学、放学回家，自己去当地的体校学围棋，记忆中没有放过一次风筝，而是每天都在进行着刻意的围棋练习。

我从小学四年级开始学习围棋，每天的刻意练习令我进步飞快，不到两年时间就达到了省业余三段的水平，同时在当地的女子围棋棋手中也小有名气。但与此同时，这也给我的求学之路带来了重重挑战：初二时，我被选拔到贵州省体校作为省队培养对象，专职在体校学习围棋。但由于当时各种不成熟条件的限制，一年的学习中，我的棋艺没有长进，学业也完全落下了。当时我妈妈看到这种情况，及时把我从体校接出来回到学校上初三。刚回到学校时，我感觉完全跟不上学习进度，每科的成绩都很差，也没有信心。但我内心深处有一个声音告诉我：不能放弃，必须坚持。或许是在学习围棋时练就的坚毅品质，让我在短暂的无力和迷茫后，及时调整好了自己的状态，经过初三一年的刻意练习和努力，最后考上了贵阳一中（当地最好的高中之一）。

◆ 求学之路屡屡碰壁，坚毅品质助我展翅高飞

虽然进入了当地最好的高中，但由于我初二一年没怎么学习文化课，文化基础非常薄弱，高一时学习成绩在班上排倒数，感觉班里的每个同学都很优秀和努力，深感压力大、信心不足，心中非常痛苦迷茫，没有方向，也没有有效的方法，每次考试都很

焦虑无助，整个高一学年可谓度日如年。

在情绪低迷一段时间后，坚毅的品质让我不肯就此放弃学业。我心想，自己也没有学习围棋的好天赋，但通过日复一日的"刻意练习+努力"，棋艺进步很快，同时也取得了不错的比赛成绩。那学习也是同样的道理，是否可以通过同样的"刻意练习+努力"而达到自己想要的结果呢？我始终相信"刻意练习+努力"，一个人若要取得杰出的成就，拥有坚毅的品质比天赋更重要。有了这样坚定的信念后，我决定把所有的心思专注在对于学习的刻意练习上。尤其是英语，初中耽误的音标和单词导致我的英语成绩最差，于是我每天坚持背单词，上学路上背、吃饭时背，甚至连上厕所都背，如此坚持了一年，英语成绩明显提升，总分也有所提升，名次也排到了中游。我越来越自信，越来越有力量。同时，我更加坚信即使天赋一般，也可以通过"刻意练习+努力"来实现自己每天进步的目标。我感悟到，不能害怕失败，要珍惜挫折，因为失败、挫折都是让自己更强大的机会。当挫折来袭，坚毅的品质会助你渡过难关。

每个人都有自己独特的天赋——总有一些事情你做得比别的事情更好，只要经常练习，就会不断升级。成长的前提是你要有"成长心态"，即相信你自己真的可以改变。从这一点上来说，很多人不是输在不够努力，而是输在不相信努力。

坚毅是指在很长的一段时间里持续追求同一个顶级目标。对一个坚毅的人来说，他们大部分的中级和低级目标，都会以不同的方式与其顶级目标相连。但很多人的目标层次中只有一个顶级目标，却没有支持性的具体目标。

坚毅篇：刻意练习 + 努力 = 实现目标

在学生时代，我的目标很明确，就是要考上一个理想的大学，学一个好的专业，让自己过上幸福的生活。在坚定了自己的目标，并通过对英语学科的"刻意练习 + 努力"取得成果后，我更加坚信拥有一种坚毅品质的重要性，从此再有学习上的波动，都不再犹豫彷徨，也不再害怕考试，更不再过度焦虑。这样一来，我的心情越来越平静，专注力也更强，能更好地专注在自己的学习过程中，慢慢地，学习有了进步，名次也一次一次往前靠近。

但世事难料，在我的求学路上又出现了新的无法想象的波折。也是因为我在当地围棋女棋手中的那点小小的名气，当地的一所知名大学里的体育系负责人在高考临考前三个月来到我家劝说我报考这所大学，声称可以保送，然后帮学校打每年一次的全国大学生围棋比赛。当时我妈妈也是想把我留在她身边，于是我们就欣然答应了。但没想到，一个月后，那位负责人来告诉我说，学校今年的政策变了，没有保送的政策，只能自己考，但可以进去后学习自己想学的专业。这下我慌了，重新捡起来放下的书本复习。那种心情真的跟坐过山车一样。最后，我没有发挥出平时的水平，但还是考到了分数线，只是被录取的专业是我非常不喜欢的。刚进学校，我就跟班主任说我要退学，重新参加高考。班主任耐心地劝导我说：现在高考这么难，还是不要重考了，我们专业有硕士学位，如果成绩优秀，可以直接保送硕士研究生。这次谈话对我的影响非常大，我内心的坚毅品质再次告诉自己，那就好好专心学习，保送硕士研究生。确定了这样的目标后，我又看到了希望，仍然是通过"刻意练习 + 努力"，我第一门普通化学考试就获得 95 分的高分。这样一来，我每天都感到很有力量，无论是枯燥的基础学科,还是晦涩难懂的专业学科,我都可以通过"刻意练习+努力"这个简单有效的方法来获得优异的成绩,而且每年都获得学校的一等奖学金,同时被学校选为系部团总支书记,最后以四年全年级第一的优异成绩保送攻读硕士研究生。通过"刻意练习+努力",我不仅实现了短期的目标,还深得老师和同学的喜爱,他们都佩服我的这种坚毅品质。

进入硕士研究生和博士研究生学习阶段,我发现学习的方法和环境与本科阶段截然不同,完全靠自己完成所选研究项目的选题、立项、试验、过程研究和论文撰写,同时还要发表高要求的文章,这一切都是如此艰难,而我这样天赋平平的人,也只能靠坚毅的品质,通过"刻意练习+努力"的方法来完成这艰难的过程。这样的坚毅品质让我用六年的时间完成了硕士研究生和博士研究生的艰难学习,拿到学位、毕业证书,并顺利地找到了一份在国企里的工作。

虽然如愿找到了非常理想的工作,但一个人在京城工作,仍然是没有头绪,因为我所从事的岗位与所学的专业关联性不大,感觉自己所学的专业内容在工作中所用并非所想。但学习阶段锻炼的学习能力和一如既往的坚毅品质在工作中派上了大用场。

刚开始,我在总公司工程部管轨道交通建设的工程质量,但工作除了偶尔下工地现场,就是每天整理各项目部上报的质量月报,并形成总月报,分送公司的高层领导和各职能部门。说实话,这样的工作,日复一日,甚是枯燥,我感觉自己的专业技能仍停留在理论层面。很多朋友也开玩笑地说:你一个大博士,怎么就做这样的工作呀?当时,我内心彷徨,看不到自己未来的方向,觉得无法学以致用，越干越没有工作动力。但内心又不甘这样放弃 22 年的寒窗苦读，一事无成，碌碌无为。

正当我为自己的事业无助而彷徨时，我的坚毅品质又一次唤醒了我：要坚持，要坚持"刻意练习 + 努力"，即使是这样重复简单的质量月报管理工作，只要"刻意练习 + 努力"，仍能锻炼并提升自己的能力。就这样工作了五年后，我对公司各个基层管理中心的工作和项目特点都有了很深的了解和掌握，对轨道交通工程建设中的技术重点、难点和关键点也完全了解和掌握。就在工作五年之际，北京的轨道交通线网有了新的大规模规划和发展，公司需要选拔优秀人才到新的项目管理中心担任重要的管理岗位。为了公平、公正地选拔出优秀人才，公司组织了自成立公司以来第一次大规模联合北京市相关考核组织部门进行的副处岗位竞聘上岗选拔工作。首先是笔试，笔试通过后面试，最后综合成绩第一者胜出。

当这么好的机会来临时，我既开心又担心，开心的是等了这么久，终于有机会靠自己的能力登上一个新的台阶。担心的是，自己在众多的岗位竞争者中是工作经验最少、最年轻的，很多人都是在公司工作 10 年以上的，经验丰富，我真的可以实现自己登上一个新台阶的目标吗？

虽然有这样的担心，但我转念即告诉自己，要全程用心参与，目标清晰明确，发挥出自己的真实水平，至于结果，就顺其自然。抱着这样先完成后完美的心态，我做了相关准备。五年重复同样的工作的坚持，让我的笔试成绩在同组中排第七名，顺利进入面试环节。然后，同样抱着全程用心参与的心态，在面试环节中，很多同事都十分紧张，而我却冷静自如，最后以"笔试+面试"第一的优异成绩，当上主管安全质量工作的副处级干部，并成为公司较年轻的后备局级干部。这样让人惊喜的结果，也要归功于五年中我对于质量管理工作的坚持和"刻意练习+努力"的坚毅品质。接下来的工作中，每次遇到困难，这样的坚毅品质都能帮我渡过种种难关，并最终实现自己的目标。

从我求学到工作的每一个阶段，都可谓困难重重，但又都会柳暗花明又一村，这些都源于我小时候练就的坚毅品质。我始终相信，凡事要坚定信念，并通过"刻意练习+努力"，获得自己想要的结果。我非常感恩这样的坚毅品质给自己带来的重重惊喜，同时也想将自己的故事分享给正遇到困难的你，希望我的故事能启发你：天赋并非成功的唯一因素，坚毅的品质是实现目标的关键因素。

后　记

编后心语：从心出发，共创未来

在这本沉甸甸的《可复制的财富力》即将付梓之际，我的心中充满了难以言表的激动与感慨。作为本书的主编，我深知这本书记录着 28 位联合作者在心理学创富系统的引领下，如何在事业的征途中披荆斩棘，实现自我超越；它诉说着她们如何在人生的旅途中，以心为舵，驶向更加辽阔的海域；它还承载着她们以己之力，点亮他人希望之光，共绘成长蓝图的美好篇章。它凝聚了我与 28 位优秀学员的智慧与心血，是她们学以致用，通过实践心理学创富系统奥秘，内修思维、外修营销，实现事业与人生双重突破的见证。

本书的 28 位作者，都是我的优秀学员，她们在心理学创富系统的指导下，不仅在事业上取得了突破，更在人生道路上找到了成长的方向。她们的故事，诉说着勇气、智慧与坚持，为我们树立了榜样。

在此，我要向所有参与此书创作的学员致以敬意和感谢。是你们，用真挚的文字、生动的故事，为这本书赋予了鲜活的生命。你们的每一次突破，都是对追求理想最好的诠释；你们的每一份成长，都是对这个世界最温暖的回馈。在你们的字里行间，我看到了坚持的力量，看到了梦想的火花，更看到了未来无限的可能。感谢你们愿意分享自己的宝贵经历，让更多人得以从中汲取力量，勇敢前行。

同时，我也要感谢那些默默支持我们的家人、亲友、合作伙伴，以及社会各界的朋友。是你们的理解、信任与鼓励，让这本书得以出版，并惠及更广泛的读者群体，也让我们在探索心理学与创富融合的道路上，步伐更加坚定。这是对我们最大的激励，让我们勇往直前。

回顾心理学创富系统的诞生与发展，它不仅是一个理论的构建，更是一场心灵的革命。我们深知，在这个瞬息万变的时代，单纯的物质追求已无法满足人们日益增长的精神需求。因此，我们致力于将心理学的智慧融入创富实践，帮助每一位追梦者不仅获得物质上的富足，更能在心灵深处找到属于自己的宁静与力量。

在这本书中，我们看到了一个个鲜活的案例，它们如同夜空中最亮的星，指引着每一个迷茫的灵魂找到方向。从心理学的视角出发，我们学会了如何认识自己、理解他人，如何在复杂的人际关系中游刃有余，如何在挑战与机遇并存的环境中保持冷静与坚韧。这些知识与技巧，不仅帮助学员们在事业上取得了突破性的进展，更为她们提供了人生各个阶段的宝贵指引与支持。

我们深知，每个人的成长之路都是独一无二的，但在这条路上，总有一些共同的规律与法则可循。《可复制的财富力》正是一本旨在揭示这些规律、分享普通人的成事法则的书。它不仅是一本关于创富的指南，更是一本关于自我发现、自我实现的宝典。

后 记 编后心语：从心出发，共创未来

我们希望这本书能够激发更多人的内在力量，让他们意识到，真正的财富不仅仅来源于物质的积累，更在于心灵的富足与精神的成长。

对于本书的作者们而言，你们的写作过程本身就是一次深刻的自我复盘与成长之旅。你们勇敢地面对自己的过去，坦诚地分享自己的经验，用文字记录下每一个成长的瞬间。这份勇气与真诚，无疑是对读者最好的鼓舞与激励。愿你们在未来的日子里，继续以笔为剑，以梦为马，不断探索未知，创造属于自己的辉煌。

站在全球化的视角，我们深知，当今世界的竞争已不仅仅是人与人之间的竞争，更是文化与文化、理念与理念之间的交流与碰撞。心理学创富系统作为一股新兴的力量，正以其独特的魅力，影响着越来越多的人，推动着社会的正向发展。

我们期待，通过这本书的传播，能够让更多的人了解女性创业者成事的精髓，将其应用于个人的成长与事业的发展之中。在这个充满挑战与机遇的时代，让我们携手并进，共同创造一个更加和谐、繁荣的未来。

在《可复制的财富力》即将面世之际，我想用一句话来总结我们的心声："从心出发，共创未来。"愿每一位读者都能在这本书中，找到属于自己的那份力量与勇气，勇敢地追寻自己的梦想，实现人生的价值。无论未来的路有多么坎坷，只要我们心怀希望，坚定信念，就没有什么能够阻挡我们前进的脚步。

让我们以这本书为起点，探索心理学的奥秘，挖掘创富的潜力，用我们的智慧与汗水，书写属于自己的传奇篇章。愿我们都能成为那个在风雨中翩翩起舞的勇者，用自己的光芒照亮这个世

界，温暖每一个需要关怀的心灵。

未来的世界，充满了未知和挑战，但也充满了无限的机遇和可能。我坚信，只要我们保持开放的心态，持续学习和成长，就一定能够在这个充满活力的世界中，找到自己的位置，实现自己的人生价值。

我想对每一位读者说：请勇敢地去探索，去追求，去创造。你的未来，充满了无限的可能。让我们携手迎接一个更加美好的未来！

最后，再次感谢所有为这本书付出努力的人们，是你们的辛勤工作与无私奉献，让这本书得以顺利问世。愿我们都能在未来的道路上，不忘初心，砥砺前行。让我们共同迎接更加美好的明天！

佘荣荣

顺道教育创始人

心理学创富系统创始人

2024 年 11 月

于顺道教育总部